高素质农民培育系列读物

药用植物土传病害防治技术

YAOYONG ZHIWU TUCHUAN BINGHAI FANGZHI JISHU

石明旺　孔凡彬　郎剑锋　著

中国农业出版社
北　京

内容简介

本书介绍了31种药用植物的80多种土传病害，对症状、病原、发病规律和防治方法进行了重点叙述。本书内容较丰富，既突出药用植物土传病害防治的系统性、学术性，又重视技术的实用性。本书内容是药用植物保护的重要组成部分。加强药用植物的保护，重视土传病害的防治工作是保证药材优质高产的重要措施。

本书可作为教师教学、科研及中药材栽培生产从业者、植保工作者的参考用书。

前 言

药用植物是指医学上用于防病、治病的植物，其植株的全部或一部分供药用或作为制药工业的原料。中国是药用植物资源最丰富的国家之一，对药用植物的发现、使用和栽培有着悠久的历史。随着医药学和农业的发展，药用植物逐渐成为栽培植物。目前收载的药用植物达5 000多种，已栽培的有200多种。药用植物的栽培生产是整个国民经济建设中的一个重要组成部分。特别是在国际“人类要回归大自然”思潮的影响下，中国这样一个具有几千年药用植物栽培历史、丰富的药用植物资源的国家，自然在国际上受到重视。

病虫害发生导致药材产量降低，品质下降。加强药用植物的保护，重视病虫害的防治工作是保证药材优质高产的重要措施。在如今的农业生产过程中，土传病害已经成为令不少种植者感到头痛的病害。土传病害是指病原体如真菌、细菌、线虫和病毒随病残体生活在土壤中，条件适宜时从植物根部或茎部侵害植物而引起的病害。因为土传病害前期表现不明显，很容易被人们忽略。到后期发现它的时候，就已经为害很明显了，造成的损失也是不可逆的。近年来，长期施用化肥导致的土壤有机质含量降低，土壤微生物生态遭受破坏，使得土传病害连年加重，严重影响药用植物生产。

药用植物土传病害的防治必须贯彻“预防为主，综合防治”的植保方针，把农业防治、生物防治、化学防治有机结合起来，形成一个综合防治体系，充分发挥各种防治手段的优势，减少农药的使用量，从而减少污染，保证产品质量，获取较大的经济效益。

本书重点叙述31种广泛栽培的药用植物上80多种常见的土传病害的症状、病原、发病规律及防治方法，图文并茂、内容丰富，可操作性强，可作为教师教学、科研及中药材栽培生产从业者、植保工作者的参考用书。

本书的出版得到了河南省植物保护一级重点学科项目资助，许多同行提出了建设性意见，文中参考和引用了大量文献和资料，在此一并致谢！

由于作者水平有限，书中难免有不足之处，敬请各位读者批评指正。

编　者

2020年7月

目录

第一章 白术土传病害

白术（*Atractylodes macrocephala*）别名于术、冬白术、吴术、片术和苍术等，属于菊科苍术属多年生草本植物（图1-1）。喜凉爽气候，以根茎入药，具有健脾益气、燥湿利水、止汗、安胎等多项药用功能，用于脾虚食少、腹胀泄泻、痰饮眩悸、水肿、自汗、胎动不安。主要分布于四川、云南、贵州等山区湿地。

图1-1 白 术

近年来，由于中药材市场需求量大，经济效益可观，种植者种植中药材的积极性较高，尤其是白术药材，种植面积逐年扩大，成为具有一定规模的经济作物。但白术的病害呈现逐年加重趋势，特别是一些土传病害，如苗期的立枯病，成株期的根腐病、根结线虫病和白绢病等。在一些老种植基地，由于连作地块较多，发病尤其严重，给白术生产者、种植业带来了较大的经济损失。

第一节　白术根腐病

白术根腐病为白术生产上重要的土传病害之一，在产区发生普遍，常造成死苗。一般地块死苗达30%～40%，严重地块达70%～80%，甚至绝收，并使产品质量明显下降。

一、症状

白术根腐病症状可分为5种类型：

1. 立枯型

主要发生在一年生白术根茎膨大之前的幼苗期。地面下的茎基部变黑褐色腐烂，潮湿时病部有蛛丝状物，地上部茎叶变黄褐色枯死（图1-2）。

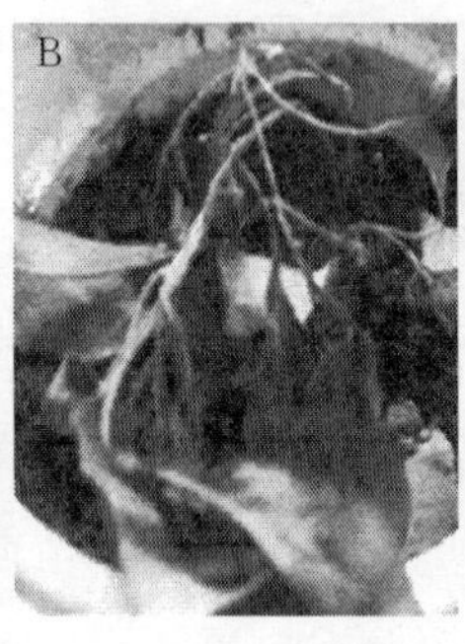

图1-2　白术根腐病症状

A. 病叶初期症状　B. 病叶中后期症状　C. 病根

2. 维管束变色型

发生在一年生白术根茎膨大后和二年生白术的全生育期。一般是白术的细根首先受害呈黄褐色，随后变褐腐烂和干瘪，并延及粗根和根茎，切开根茎，可见维管束局部或全部变褐。严重的根系全部腐烂脱落，根茎干缩，皮层和腐朽的肉质部脱开，仅留木质部纤维和碎屑（图 1－3）。

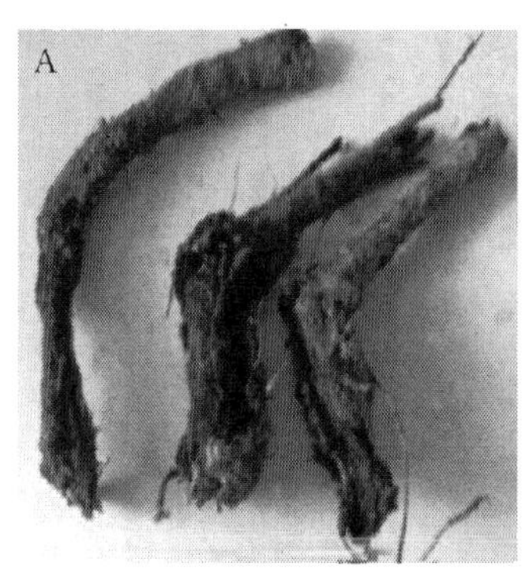

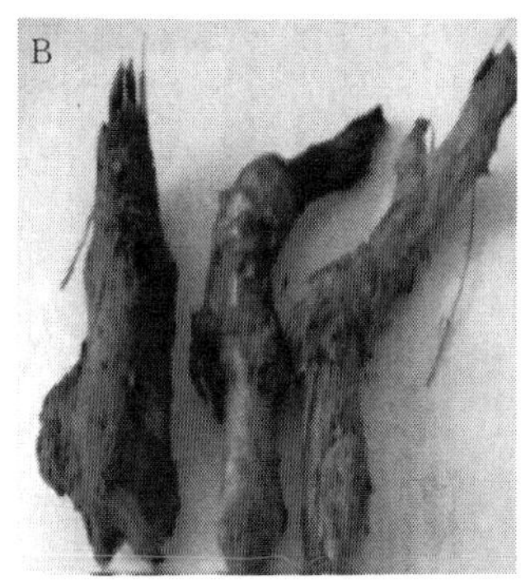

图 1－3　白术根腐病为害根部症状

A. 根系全部腐烂脱落　B. 根茎干缩皮层腐朽

3. 湿腐型

发生在一年生白术根茎形成后和二年生白术全生育期。病株茎基部、根茎和根系变黄褐至黑褐色湿腐。初期根茎多从茎基处开始局部腐烂，之后扩展，致使整个根茎腐烂。潮湿时，根茎表面生有白色霉状物，最后根系和根茎全部烂掉，仅剩残余的木质纤维。地上部叶片变黄萎蔫，至黄褐色枯死。

4. 干腐型

在一年生白术根茎膨大后，茎基变黑褐色干腐，并延及根茎，地上部枯死，根系并无病变。

5. 混合型

在同一株白术上，具有湿腐型和维管束变色型或干腐型与维管束变色型的复合症状。初期根茎内局部腐烂，维管束变褐，后期则全部腐烂。

二、病原

病原为尖孢镰刀菌（*Fusarium oxysporum*），属半知菌亚门。菌落呈圆形，白色，培养基无色或黄色，菌丝纤细，中间高，气生菌丝平铺（图 1－4）。孢子着生在分生孢子梗顶端，孢子梗侧生或单生，较短（图 1－5）。大型分生孢子呈镰刀

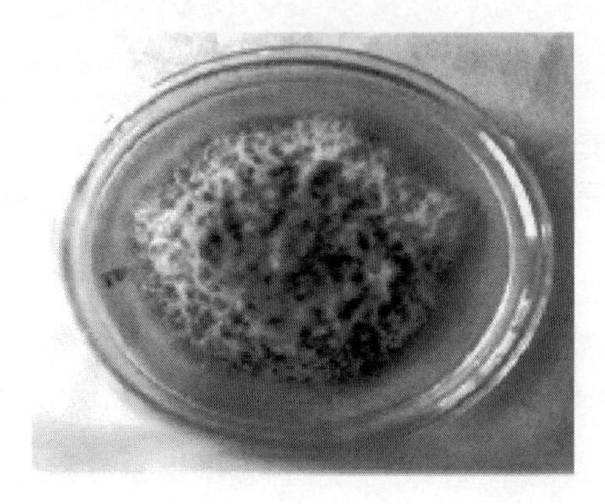

图 1－4　尖孢镰刀菌菌落

形，无色，两头尖，稍弯，1～4 隔，以 2～3 隔居多，大小为（20.66～37.08）μm×（2.27～4.13）μm；小型分生孢子呈圆形或椭圆形，无色，0～1 隔，大小（2.06～10.66）μm×（2.48～4.13）μm。可以产生厚垣孢子和菌核。

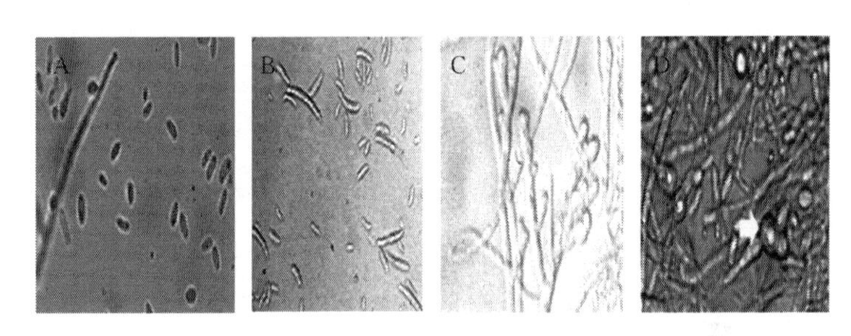

图 1-5 尖孢镰刀菌孢子及产孢结构

A. 小型分生孢子 B. 大型分生孢子 C. 产孢梗 D. 厚垣孢子

三、发病规律

病菌以菌丝体、厚垣孢子和菌核在土壤中越冬或依附于病残组织，成为翌年的初侵染源。经大田接种试验，潜育期最短为 5 d，一般在 10 d 以上。病菌可借助风雨、地下害虫及农事操作等传播，通过伤口（虫伤、机械损伤等）侵入植株根茎部，也可以直接侵入健株的根系。此外，白术苗也可带菌，成为初侵染源。土壤淹水、黏重或施用未腐熟的有机肥造成根系发育不良，以及线虫和地下害虫为害产生伤口后，易发病。生产中后期如遇连续阴雨之后转晴，气温升高，则病害发生重。在日平均气温16～17℃时开始发病，最适温度是22～28℃。

一年生白术出苗不久，就有死苗出现，5月有一次发病高峰，主要是立枯型死苗。7～8月又出现死苗高峰，这时根茎已膨大，发生的主要是维管束变色型和湿腐型，直到收获田间都不断有死苗出现。二年生白术出苗后不久也开始出现个别根腐死苗，5～6月死苗率迅速增加，可能是由栽前带病所致。7～8月降水较多，田间湿度大，出现死苗高峰。直到收获，陆续都有死苗出现。由于栽培管理等条件的不同，不同地块根腐发生的早晚、轻重以及高峰期差别很大。

四、防治方法

1. 实行轮作

一般与禾本科作物轮种3～5年以后种植。

2. 选育抗病品种

矮秆阔叶品种的根茎肉质肥厚，质量好，抗病力强。

3. 选用无病术栽（白术苗）

贮藏期间要注意术栽保鲜、防热，以免失水干瘪；种前挑选无病健栽，并用药剂浸种，然后播种。

4. 合理施肥，注意排水

应施足基肥，多施有机肥，增施磷、钾肥，及时追肥。雨季排放田间积水，减小土壤湿度。用“5406”菌肥作基肥，每667 m^2 用量100～150 kg，有一定的防治效果与增产作用。

5. 适时种植

避免天旱、地干情况下种植，土壤湿度适当，有利于术栽发根生长。

6. 化学防治

发病初期，用三唑酮、三唑醇等防治效果较好，三唑醇防治效果更为突出。用41%乙蒜素乳油500～800倍液、80%代森锰锌可湿性粉剂或70%代森锰锌800倍液喷雾或灌根，效果也不错。白术根腐病全生育期均可发生，病害发生时间太长，后期会大量死苗，只靠药剂处理术栽不能彻底解决白术根腐病的问题。必须综合防治，才能减轻病害发生，同时减少农药在白术上的残留。

第二节 白术根结线虫病

白术根结线虫病主要为害白术的根茎等主要食用部位，严重影响其产量和质量。近年来在白术产区为害严重，造成的经济损失也在逐年增加。

一、症状

侧根上根瘤直径0.2～0.6 cm（图1-6），每个根瘤中的雌虫数量明显比桔梗和白芷中的多，在肉质直根内发现卵囊。

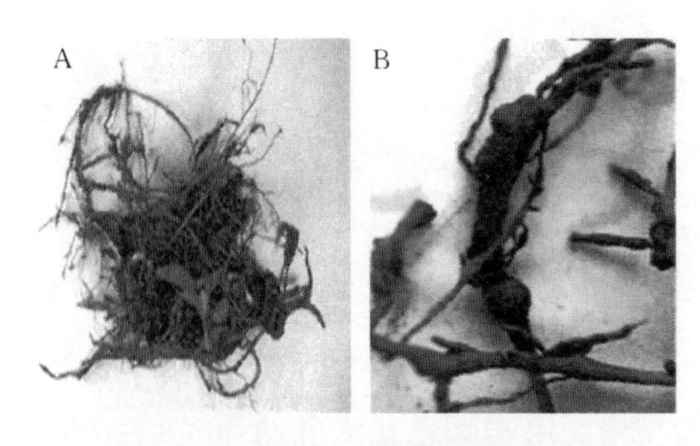

图 1-6　白术根结线虫病根部受害症状

A. 侧根受害　B. 根瘤

二、病原

病原为花生根结线虫（*Meloidogyne arenaria*）（图 1-7）。雌虫口针基部球前缘向后倾斜，口针基部球与基杆融为一体，分界不明显，食道腺开口到口针基部球的距离远。雄虫头冠低，向后倾斜；口针基杆圆柱形，接近基部处常加宽，基部球彼此间不缢缩，向后倾斜，与基杆融合。二龄幼虫线形，头冠前端偏长。根结线虫雌虫会阴花纹呈卵圆形或近圆形，近尾尖处无刻点，近侧线处有不规则横纹。

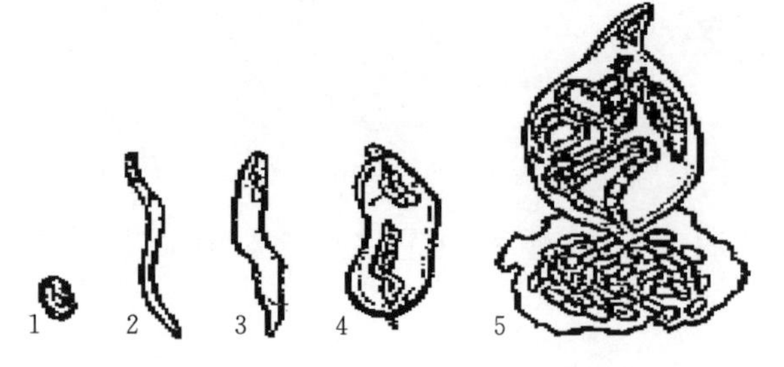

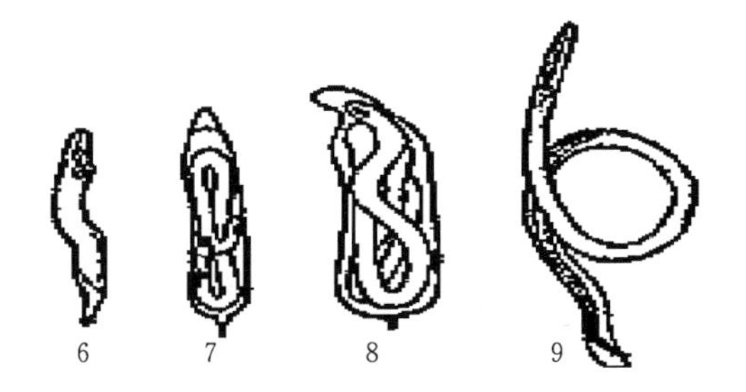

图 1-7 白术根结线虫（花生根结线虫）

1. 卵 2. 二龄幼虫 3. 将蜕化的幼虫 4. 未成熟的雌虫 5. 虫堆和卵室 6. 将蜕化的幼虫（雌虫） 7. 未成熟的雄虫 8. 将蜕化的雌虫 9. 雄虫

三、发病规律

花生根结线虫在土壤中的病根、病瘤内越冬。翌年气温回升，卵孵化成为一龄幼虫，蜕皮后为二龄幼虫，然后出壳活动，从白术根尖处侵入，在细胞间隙和组织内移动。变为豆荚形时头插入中柱鞘吸取营养，刺激细胞过度增长导致巨细胞形成。主要靠病田土壤传播，也可通过农事操作、水流传播，调运带病种苗可引起远距离传播。干旱年份易发病，雨季早、雨水大，植株恢复快，发病轻。沙壤土或沙土，瘠薄土壤发病重，黏土和低洼碱性土壤发病轻，甚至不发病。轮作田发病轻，连作田发病重。

四、防治方法

1. 源头防控

加强植物检疫工作。

2. 合理轮作

与非寄主作物轮作2～3年。

3. 加强田间管理

铲除杂草；移栽前每667 m^2 用10%噻唑膦颗粒剂15～20 kg进行土壤处理，定植缓苗后用1.8%阿维菌素1 000～1 500倍液灌根，每隔10～15 d灌1次，连灌2次。

4. 生物防治

应用淡紫拟青霉和厚垣轮枝孢菌能明显起到降低线虫群体和消解其卵的作用。

第三节　白术立枯病

白术立枯病，俗称“烂茎瘟”，是白术苗期的重要病害，常造成烂芽、烂种，严重发生时可导致毁种，绝收。

一、症状

立枯病多于植株幼苗期为害其根茎，导致根茎产生暗褐色凹陷病斑。发病初期常可见植株在阳光下全株萎蔫，夜间后恢复正常。当病斑环绕茎部一周后，茎部缢缩死亡。病菌也可侵染近地面叶片，感病叶片上产生深褐色水渍状大病斑，并快速腐烂死亡。在高温、高湿环境中，病部长出大量的褐色蛛丝状菌丝，并产生大量土粒状褐色菌核（图1-8）。

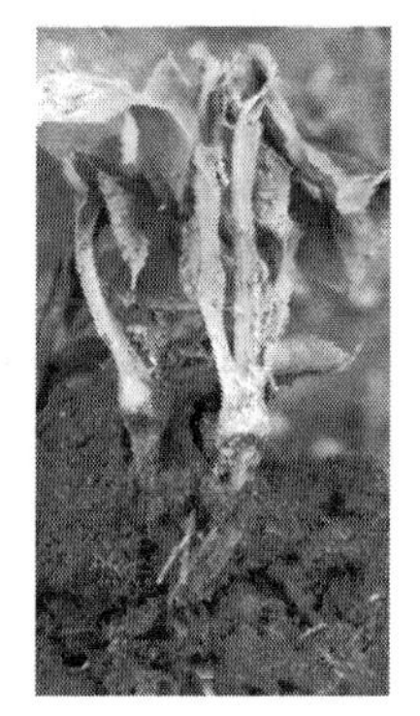

图1-8　白术立枯病症状

二、病原

病原为立枯丝核菌（*Rhizoctonia solani* ），属半知菌亚门丝孢纲真菌。菌丝在马铃薯葡萄糖琼脂培养基（PDA培养基）上以匍匐状向四周生长，有环状轮纹，生长快，3 d左右可长满直径9 cm的培养皿，6 d后菌丝由淡黄色向褐色转变，9 d后转变为深褐色，产生菌核。在显微镜下观察发现，菌丝分枝角度较大且有缢缩（图1-9），菌丝直径5.77～6.99 μm，用吉姆萨染料（Giemsa染料）对菌丝细胞染色后，发现胞内有多个细胞核。

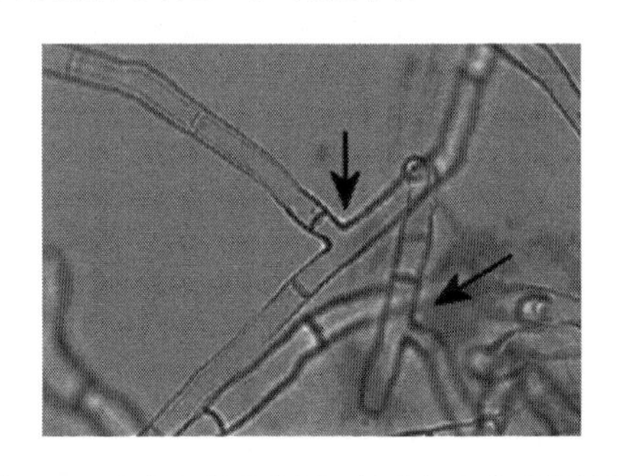

图1-9　白术立枯病病原（箭头指向菌丝分枝处）

三、发病规律

病菌寄主范围广，可侵害多种药材以及茄果类、瓜类等农作物。病菌以菌丝体或菌核在土壤中或病残体上越冬，可在土壤中腐生 2～3 年。环境条件适宜时，病菌从伤口或表皮直接侵入幼茎、根部引起发病，通过雨水、浇灌水、农具等传播。病菌喜低温、高湿的环境，发育适温为 24 ℃，最高 40～42 ℃，最低 13～15 ℃，适宜pH 3～9.5。早春播种后若遇持续低温、阴雨天气，白术出苗缓慢，则病害易流行；多年连作或前茬为易感病作物时发病重。

四、防治方法

1. 合理轮作

发病地块若有大量越冬病菌存在，应避免与玄参、地黄、丹参等寄主植物进行连作，与禾本科等非寄主植物进行 3 年以上轮作。

2. 避免积水

在阴雨天气做好排水工作。

3. 化学防治

在白术种植前可事先用生石灰进行土壤灭菌。用多菌灵药液对白术种子进行浸种杀菌，可防治多种土传病害；立枯病发病初期可用多菌灵、甲基立枯磷、福美双、甲霜灵、代森锰锌等杀菌剂进行防治。

第四节　白术白绢病

一、症状

发病初期，受害植株叶片黄化萎蔫。茎基部染病，初为暗褐色，其上长出辐射状、白色丝绢状的菌丝体，当整个根茎被白色菌丝缠绕时，呈淡黄白色软腐状（图1-10）。湿度大时菌丝扩展至根部四周，产生菌核，严重时植株基部腐烂，致使地上部茎、叶萎蔫枯死。根茎受害后呈褐色，随着病菌的不断扩散，植株顶端逐渐萎垂。主茎已木质化的白术植株受害后，直立枯死，根茎薄壁组织腐烂殆尽，仅剩下木质化的纤维组织，呈乱麻状，极易从土中拔出。白术植株受害后，整个植株倒伏死亡。

图1-10　白术白绢病

二、病原

此病由齐整小核菌（*Sclerotium rolfsii*）侵染所致，该菌属真菌界半知菌亚门丝孢纲无孢目。菌丝体白色，有绢丝般的光泽，在基质上呈羽毛状，从中央向四周呈辐射状扩散。通过显微镜观察，菌丝呈淡灰色，有横隔膜，分枝常呈直角，分枝处微缢缩，离缢缩不远处有一横隔膜（图 1－11）。菌核球形或椭圆形，大小不等，一般在白术根茎上的比在茎、叶、花蒲（蕾）上的大一些。在营养状况较好，温度、湿度高时，2～3个菌核也可相互联结成块。菌核切片在低倍显微镜下观察，中部细胞呈淡黄色，形状稍长，疏松状。

病菌在马铃薯蔗糖琼脂培养基（PSA 培养基）上生长良好，可形成众多的菌核，颗粒较大，呈黄褐色，易联结成块（图 1－12）。菌核萌发的温度范围为 10～35 ℃，最佳温度为 30～35 ℃。40 ℃处理 24 h 后菌核停止萌发，如再移至 25 ℃后，仍能萌发。菌丝在 pH 2.0～10.0 条件下均能发育，但以 pH 5.0～6.0 的条件最为适宜，pH 为 11.0 时菌丝不能发育。

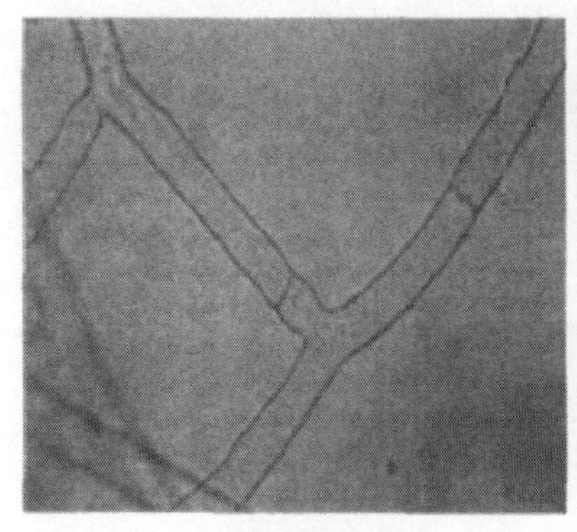

图 1－11　白绢病病菌的菌丝

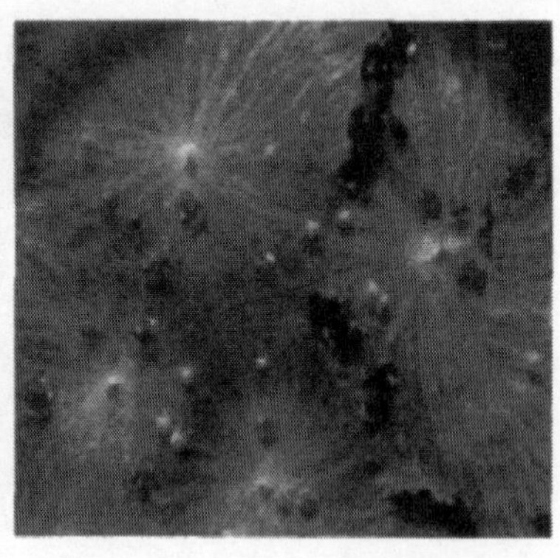

图 1－12　PDA 培养基上的白绢病病菌

三、发病规律

病菌主要以菌核在土壤中越冬或以菌丝体在栽种的植株病残体上存活。菌核在土壤中可存活4～5年之久。带菌土壤为发病的初侵染源，菌核随水流、病土或混杂在种子中传播。菌丝能沿着土壤裂缝蔓延为害邻近植株。带病植株栽植后继续发病。病菌借菌核传播和菌丝蔓延进行再侵染。

该病喜高温、高湿环境，从6月以后，当旬平均地温（5 cm深）在25 ℃以上时，适宜病害的发展，一般在30～35 ℃时最为适宜。特别是7～8月平均地温在30 ℃以上，降水量、湿度都大的情况下，会引发严重的白绢病。此外，地势低、易积水、排水不良的地段也会加重白绢病为害。白术株行距过密，也会引起病菌在株间连续侵染而发病，一般株行距为23～26 cm。

四、防治方法

1. 安全贮藏术栽

收获术栽时要严格挑选，剔除附有白色菌丝体的病栽及其上有伤痕、烂痕及淡褐色斑块的术栽。贮藏期做好术栽防烂工作，少量术栽可采用缸藏法，用100～130 cm高的瓷缸，缸底铺沙一层，上放术栽，放至离缸口7～10 cm时，其上盖沙至与缸口平，术栽中央插上一束干草，以利通气，减少烂栽。大量术栽贮藏采用层积沙藏法，选地势高燥的室内，地面先铺一层沙，厚 4～7 cm，沙上铺一层术栽，厚13～17 cm，这样依次层积，使总高度达 40 m 左右时，插上几束干草，以利通气降温。在贮藏期内，每隔 10～15 d 翻堆 1 次，以便散热降温，并及时剔除由于在贮藏期内温度升高导致病菌感染而出现的烂栽。

2. 实行轮作

前茬以禾本科植物为好，不宜与花生及其寄生范围内的药用植物轮作。一般与禾本科作物如玉米、小麦等轮作，轮作年限 4～5 年。还应避免与玄参、附子等寄主植物轮作。

3. 改进管理技术

筑高畦，疏沟排水，使畦面高燥，以抑制病菌发展。猪、牛等的粪便制成的肥料最好翻至下层土中，不在畦面铺施，以减轻发病。采用 23～26 cm 的株行距，以减少病菌侵染蔓延的机会。

4. 化学防治

在栽植前每 667 m^2 用 50％多菌灵 1～2 kg 处理土壤，避免病菌感染。也可撒施适量石灰，调整土壤 pH，以减轻发病。发病初期，用 15％三唑酮可湿性粉剂喷雾，也可用 1％石灰液喷洒根茎部。在栽植前，将术栽用清水淋洗，然后浸入 50％的甲基硫菌灵 500～600 倍液中 1 h，捞出沥干，立即种植。发现病株后带土移出并销毁，病穴撒施石灰粉消毒，四周邻近植株浇灌 50％多菌灵或甲基硫菌灵500～800倍液，或 50％氯硝胺 200 倍液控制病害。当白术收获后，要及时将病残体清除并带出田间烧毁，以减少越冬病源。

第二章　白芷土传病害

白芷（*Angelica dahurica*）为伞形科当归属的植物（图 2-1）。分布在中国东北及华北等地，生长于海拔 200～1 500 m 的地区，一般生于林下、林缘、溪旁、灌丛和山谷草地。可祛除风湿、活血排脓、生肌止痛，用于治疗头痛、牙痛、鼻渊、肠风痔漏、赤白带下、痈疽疮疡、皮肤瘙痒等，还有美容功效。

图 2-1　白　芷

白芷的生长过程中常会因为受病害侵染而影响其质量和产量，主要有根腐病、根结线虫病、斑枯病、紫纹羽病、立枯病等，尤其是根腐病、根结线虫病等土传病害，对白芷药材质量、产量的影响较大，需及时防治。

第一节　白芷根腐病

白芷根腐病是生产上的重要病害，该病发生于白芷收获后的干燥过程中，属收获后病害。轻时腐烂率在16%左右，严重时在30%以上，甚至全部腐烂。周皮在抵抗病菌侵入中起重要作用，因此，在采挖、运输和加工过程中要注意保护白芷周皮不被破坏，采挖后应及时加工干燥。

一、症状

白芷收获后易受根腐病病菌的侵染，病菌侵入后生长繁殖迅速，很快引起白芷组织的腐烂变质，失去药用价值。自然发病的白芷根，表面有少量白色菌丝体，根横切面可见褐变组织，随着病害的发展，褐变组织面积逐渐扩大，直达木质部，使木质部充满大量的菌丝体，部分或全部组织变为黑色，布满大量的微菌核和菌丝片段（图2-2）。

图2-2 白芷根腐病

二、病原

白芷根腐病是生产上的重要病害之一，病原为菜豆壳球孢（*Macrophomina phaseolina*），属半知菌亚门腔孢纲球壳孢目球壳孢属真菌。菌落初期无色，之后中央菌丝先变为橄榄色，随着培养时间的延长，边缘菌丝逐渐变深，最后整个菌落为橄榄黑色。子座埋生于菌丝内，不易产孢。培养后期产生黑色的菌核；分生孢子梗缺。产孢细胞无色，表面光滑，全壁芽殖产孢。分生孢子梭形或长椭圆形，单胞，无色，偶见油球，大小为（22.0～30.0）μm×（6.5～8.0）μm。

三、发病规律

菜豆壳球孢广泛存在于土壤中，可引起向日葵、大豆、花生和芝麻等500多种植物的根腐、茎腐、立枯、猝倒、叶枯、果腐等病害，特别是在高温、干旱和半干旱地区为害严重。该菌在白芷上只是一种弱寄生菌，不易侵染鲜白芷，只能侵染萎蔫或表皮破损的白芷，伤口是病菌的主要侵入途径，周皮在白芷抵抗菜豆壳球孢的侵染中起着重要作用。

在新鲜和萎蔫的白芷组织中，菌丝的扩展速度差异不大；白芷有伤口时，16 h病菌即可侵入外皮层，病菌侵入外皮层后，2 d开始形成微菌核，2～3 d开始引起外皮层细胞和组织的破坏，5 d后菌丝进入木质部及导管中，皮层大多数细胞破裂，组织中充满大量的菌丝及少量微菌核。对于不同新鲜程度的白芷，病菌侵入后的扩展速度差异不大，但引起病害的严重程度不一样。在鲜白芷上，病菌需3 d才能造成外皮层细胞和组织的破坏；而在萎蔫的白芷上，只需2 d便可造成同样的结果。

病菌对白芷的为害，一般先是引起感病组织变褐坏死，随后是细胞和组织的破碎腐败，这可能与其产生的毒素和酶有关。白芷收获后损伤和萎蔫不可避免。病菌侵入损伤或萎蔫的白芷后扩展迅速，很快导致白芷腐烂，完全不能药用。

四、防治方法

1. 保护周皮

在收挖、运输和加工过程中注意保护白芷周皮不被破坏，尽可能随采挖随加工干燥，然后真空密封，防止受潮。来不及加工的应摊开放在通风冷凉处，待干后用塑料袋分装。

2. 药剂防治

生产上一直采用硫熏的方法防治该病，效果虽然较好，但经研究发现，硫熏对白芷的质量有很大的影响，因而急需改进防治技术，综合多方面原因，做好根腐病的防治。

3. 病残体处理

加工干燥过程中发现的病白芷不能随便丢弃，应集中处理，以防病菌的大量扩散，致使产品受损。对于已感病的白芷根，其组织中的微菌核可随病残体长期存在而存活。

4. 农业防治

在栽培方面应选用抗病力强的大叶型良种栽培，进行合理轮作或水旱轮作，切忌连作。苗期及时防治害虫，发病前后加强药剂防治并做好病株处理，防止病菌蔓延而发生再侵染。合理灌溉，雨后及时排涝除渍。增施磷、钾肥，强根壮体，增强植株抗病力。

第二节 白芷根结线虫病

一、症状

受到根结线虫为害的白芷后侧根明显减少，其根经解剖，肉质直根的皮层和微管柱内可见大量卵囊和雌虫，根组织内可以分离到雌虫，表明肉质根可以给根结线虫提供足够的营养，在肉质根中二龄幼虫可以在根内完成繁殖和生长（图 2-3）。

图 2-3 白芷根结线虫病根部受害症状

二、病原

病原为南方根结线虫（*Meloidogyne incognita*），属线形动物门线虫纲垫刃目异皮总科根结线虫科。雌虫口针基部球前缘向后倾斜，基杆融为一体，分界不明显，食道腺开口到口针基部球的距离远。雄虫头冠低，向后倾斜；口针基杆圆柱形，接近基部处常加宽，基部球彼此间不缢缩，向后倾斜，与基杆融合。二龄幼虫线形，头冠前端偏长（图 2-4）。

南方根结线虫雌虫颈部较粗短，与虫体部分界限较不明显，角质层半透明。

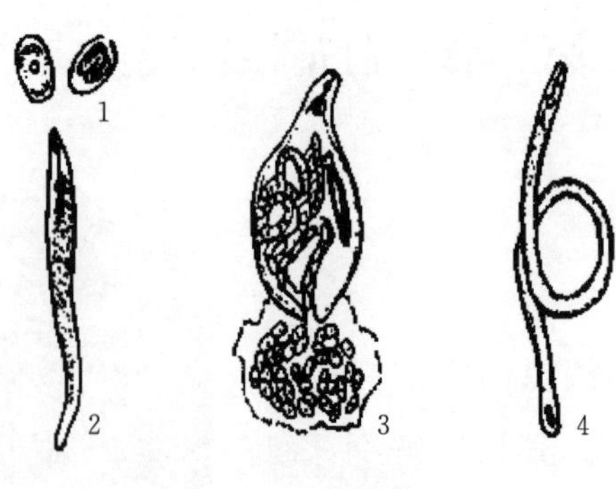

图 2-4　白芷根结线虫

1. 卵　2. 幼虫　3. 雌虫　4. 雄虫

三、发病规律

根结线虫完整生活史：卵、幼虫、成虫三个阶段。田间以卵或其他虫态在土壤中越冬，在土壤内无寄主植物存在的条件下，可存活 3 年之久。气温达 10 ℃以上时，卵可孵化，幼虫多在土层深 5～30 cm 处活动。根结线虫在温室一年发生 10 代左右，每个雌虫产卵 300～800 粒。温度 25～30 ℃时，25 d 可完成一个世代，适宜土壤湿度 40%～70%，适宜土壤 pH 4～8。土温高于 40 ℃或低于 10 ℃很少活动，致死温度 55 ℃，10 min。根结线虫的侵染龄为二龄幼虫，通常由植物的根尖侵入，通过挤压细胞壁间的空隙在细胞间运动，完成对植物的侵染，并刺激寄主细胞加速分裂，使受害部位形成根瘤或根结。

根结线虫在土壤中活动范围很小，一年内移动距离不超过 1 m。因此，初侵染源主要是病土、病苗及灌溉水。线虫远距离的移动和传播，通常是借助流水、风、农机具沾带的病残体、病土、带病的种子和其他营养材料及其他农事活动完成。

四、防治方法

1. 选择无病种子或幼苗

在白芷播种移栽前，必须选择无病种子或幼苗，同时采用土壤火焰消毒法对大田土壤进行抑线处理。

2. 杂草封闭处理

在白芷出苗前，采用除草剂对田间杂草封闭处理。

3. 田间管理

在白芷苗期，采用茶皂素制剂等进行田间药剂处理，抑制和推迟前期虫口高峰；在白芷生长中期，将茶皂素制剂和肥料相结合，抑制和推迟中期虫口高峰，并促进白芷生长后期营养物质向根部集中积累，实现高效抑线、农药减量、低毒低残留和高效增产的综合防治效果。

第三章 百合土传病害

百合（*Lilium brownii* var. *viridulum*）又名强蜀、番韭、山丹、倒仙、重迈、中庭、重箱、中逢花、百合蒜、大师傅蒜、蒜脑薯、夜合花等，是百合科百合属多年生草本球根植物（图 3－1）。主要分布在亚洲东部、欧洲、北美洲等北半球温带地区，全球已发现至少 120 个品种，其中 55 种产于中国。近年更有不少经过人工杂交而产生的新品种，如亚洲百合、香水百合、火百合等。鳞茎富含淀粉，可食，亦作药用。

图 3－1　百合花

中国是百合的主要原产地之一，近年来我国百合生产的发展也非常迅速。目前百合病害主要有疫病、白绢病、青霉病、灰霉病和病毒病等。

第一节　百合疫病

百合疫病又称为脚腐病，全株（包括花器、叶、茎、茎基部、鳞茎、根）均可发病。百合疫病是由疫霉属真菌引起的一类病害，在天气潮湿或多雨季节发生，植株发病率10%～15%，严重时可达30%以上，导致植株成片死亡，严重影响切花产量和质量。百合疫病是目前切花百合的主要病害之一，随着百合种球营销活动的进行和二代球种植的繁殖，该病有逐年加重的趋势。

一、症状

感病花器枯萎、凋谢，其上长出白色霉状物；叶片感病之初出现水渍状病症，而后枯萎；茎部与茎基部组织感病之初出现水渍状病斑，而后变褐、坏死、缢缩，染病处以上部位完全枯萎；鳞茎感病后褐变、坏死；根部感病后变褐、腐败（图3-2）。

图3-2 百合疫病接种症状

二、病原

百合疫病的病原主要为烟草疫霉（*Phytophthora nicotianae*）和恶疫霉（*Phytophthora cactorum*）。疫霉菌气生菌丝白色，无隔，生长旺盛。菌落均匀一致，边缘整齐。菌丝块在水中产生大量孢子囊，孢子囊脱落或不脱落。孢子囊光滑，倒梨形、卵圆形或近球形，大小为（30～62）μm×（21～46）μm，具有明显的乳突。厚垣孢子间生或顶生，球形到卵圆形，光滑（图 3-3）。

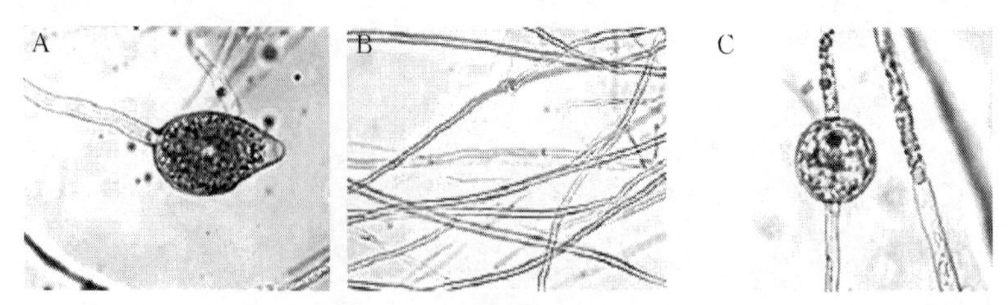

图 3-3　疫霉菌的形态特征

A. 孢子囊　B. 菌丝　C. 厚垣孢子

三、发病规律

恶疫霉以厚垣孢子、卵孢子或菌丝体随病残体在土壤中越冬，为翌年的初侵染源。翌年春季条件适宜时，孢子萌发，侵染寄主引起发病，病部又产生大量孢子囊引起再侵染。该病于 3 月下旬至 4 月上旬始见。流行期为 4 月中旬至 5 月下旬。5 月中旬开始进入垂直发展阶段。5 月中旬至 6 月下旬为垂直发展流行期，流行期长，为害严重。7 月上旬病情基本稳定。

四、防治方法

坚持“预防为主，综合防治”的植保方针，以农业防治为基础，提高种植户田间管理水平，把握防治的有利时机，开展统防统治，积极发展生态农业，倡导“绿色植保，公共植保”的理念。

1. 改善种植制度

该病以连作地发病重于轮作地和新种植地。连作地土壤中植物病残体多，病菌丰富，为百合疫病的发生奠定了基础。因此，进行合理的水旱轮作或与非茄科作物轮作，可以大幅度地降低病害发生程度。建议连作时，前茬不宜选百合科的葱、蒜、韭菜和茄科的烟草、辣椒、茄子等作物，可与豆科、禾本科作物进行 2～3 年轮作。

2. 科学管理

偏施氮肥的植株生长柔嫩，有利于病菌侵入，因此采用配方施肥技术，适当增施钾肥，提高抗病力。采用高厢深沟或起垄栽培，开好三沟（厢沟、腰沟、围沟），以利雨后及时排除积水，做到雨停水干。及时清除病残体，发现病死株及早挖除，集中烧毁或深埋。

3. 土壤选择与处理

选择土质疏松、土层深厚的沙壤土，播种前用 30%噁霉灵 1 500 倍液进行地面喷雾。

4. 种子选择与处理

选择海拔较高地区（800 m 以上）的无病种球，播种前用 52.5%噁酮·霜脲氰水分散粒剂 1 500 倍液或 80%多菌灵可湿性粉剂 1 000 倍液浸种 5～10 min，晾干后选晴天播种。

5. 合理密植

根据种球大小，种植密度为每 667 m^2 1.5 万～2 万蔸，行距 0.3～0.4 m，株距 10～18 cm。肥水管理：田间开好三沟，腰沟和围沟要深见犁底层，并随时清理，做到雨停沟干；重施基肥及腐熟有机肥，切勿偏施氮肥，适当增施磷、钾肥。

6. 苗后化学防治

在病害初现症状时期（3 月下旬至 4 月上旬）选用 68.75% 噁酮·锰锌 68.75% 水分散粒剂 1 000 倍液加芽孢数 10^{11} 个/g 枯草芽孢杆菌可湿性粉剂 3 000 倍液，或 72%霜脲·锰锌可湿性粉剂 500 倍液加 75%百菌清可湿性粉剂 500 倍液喷雾，每 7～10 d 喷 1 次，连喷 2～3 次，药液用量每 667 m^2 60 kg 以上；在 5 月以后病害流行期用 52.5%噁酮·霜脲氰水分散粒剂1 600倍液加 40%王铜·菌核净 500 倍液喷雾，每 7～10 d喷 1 次，连喷 2～3 次，喷雾均匀周到，药液用量每 667 m^2 90 kg 以上。

百合疫病的药剂防治要抓住防治适期，关键是在病害发生初期用药，以防病害扩散蔓延。间隔期为 10～15 d，连续用药 4～5 次。抢晴天打顶，打顶后必须及时用药防治，以防伤口感染病菌。另外注意施药方法，积极开展专业化统防统治。统一组织，尽可能同时大面积喷药。喷药时，药液量要足，一般药液量为 900 kg/hm^2，叶片的正反两面、植株的内膛都要喷到，不留死角。

第二节　百合白绢病

一、症状

百合白绢病主要为害植株的鳞茎，发生普遍，为害严重。该病影响百合的发育，使百合经济价值下降。可引起全株枯萎，茎基缠绕白色菌索或者有油菜籽状茶褐色菌核，病部变褐腐烂。土表可见大量白色菌索和茶褐色菌核（图3-4）。

图3-4　百合白绢病

二、病原

病原为齐整小核菌，菌丝白色绢丝状，呈扇状或放射状扩展，后集结成菌索或纠结成菌核。菌核似油菜籽，初白色至黄白色，后变茶褐色，圆形，表面光滑，表皮层下为假薄壁组织，中间为疏丝组织。菌核易脱落。

三、发病规律

白绢菌可经种球带菌或直接由土壤中的病菌侵害百合地下球茎、根、茎及与地面接触的叶部。种球带菌时，以菌丝方式侵入球茎外层鳞片或块根芽体，当气候适合菌丝生长时，开始长出绢丝状菌丝体，并分泌水解酵素摧毁寄主组织。土壤中的菌核发芽或植物残体上的菌丝接触球茎外层鳞片或块根、茎基部及根系时，也会造成为害，致水分吸收受阻，植株下位叶开始黄化，病势进一步扩展，造成整株萎凋死亡。温度、湿度适合菌丝生长时，以茎基部为中心的土表或地下球茎上产生白色绢丝状菌丝束并成放射状扩展，上面产生黄褐色至黑褐色菌核。

四、防治方法

1. 加强栽培管理

合理密植，增强植株抵抗力，雨季注意排水，保持温度、湿度适宜，及时清除病残物，发现病株及时拔除、烧毁，减少病源。重病地避免连作，最好与禾谷类作物轮作。水旱轮作防效明显。

2. 药剂消毒

用50%多菌灵可湿性粉剂500倍液或36%甲基硫菌灵悬浮剂600倍液，将沙喷湿喷透，再用塑料薄膜盖7～8 d，利用沙藏预处理插条；也可把沙藏后的插条用上述杀菌剂浸泡20～30 min，都能减少白绢病的发生。

3. 翻地施药

结合翻地，每667 m^2 掺施100～150 kg石灰粉，使土壤微碱化，可抑制白绢病菌繁育，减轻病害发病的程度。

第四章

板蓝根土传病害

板蓝根是一种中药材（图4-1），别名有靛青根、蓝靛根、大青根。为十字花科植物菘蓝的干燥根，通常在秋季进行采挖，炮制后可入药。在中国各地均产。板蓝根分为北板蓝根和南板蓝根，北板蓝根来源为十字花科菘蓝属菘蓝（*Isatis indigotica*）的根；南板蓝根为爵床科马蓝（*Baphicacanthus cusia* ）的根状茎及根。板蓝根性寒，味先微甜后苦涩，具有清热解毒、预防感冒、利咽之功效。主要用于治疗温毒发斑、舌绛紫暗、烂喉丹痧等疾病。

图4-1 板蓝根

在板蓝根种植期间，会遭受不少病害的为害，影响其产量和质量，给药农造成经济损失。板蓝根常见病害有根腐病、菌核病、霜霉病、灰斑病等，其中根腐病、菌核病为土传病害。

第一节　板蓝根根腐病

一、症状

田间表现为初期地上部症状不明显，后期上部叶片中午萎蔫，早晚恢复，尤其是雨后晴天，叶片萎蔫严重，逐渐由外向内枯死，以至全株死亡。根部呈黑褐色，根系维管束自下而上呈褐色病变，向上蔓延可达茎及叶柄的髓部，发生黑褐色湿腐，最后整个主根部分变成黑褐色的表皮壳，皮壳内为乱麻状的木质化纤维。板蓝根根腐病造成产量严重减少，减产幅度在40%～50%（图4-2）。

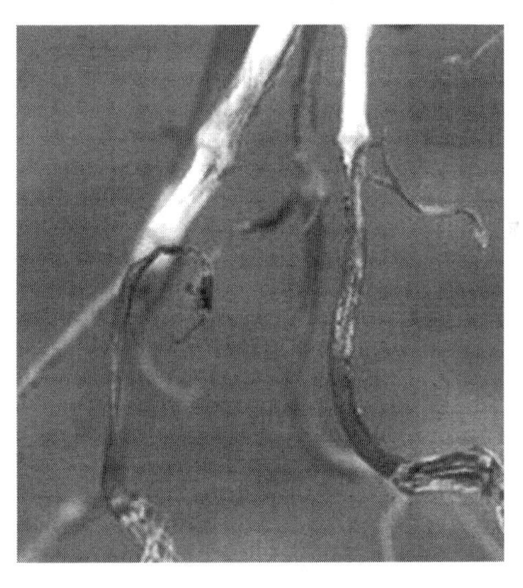

图4-2　板蓝根根腐病

二、病原

病原为尖孢镰刀菌和茄病镰刀菌（*Fusarium solani*），其中茄病镰刀菌为优势病菌。

茄病镰刀菌：在 PSA 培养基上，在适宜温度 25 ℃下，菌落生长速度较快，培养 4 d 菌落平均直径为 36.7 mm，菌落有轮纹，呈粉白色至淡橙黄色，菌落背面橙黄色菌丝呈薄绒状（图 4－3）。大型分生孢子壁厚，镰刀状，稍弯，壁薄无色，向两端逐渐变尖，顶细胞较钝，足基细胞较明显，稍尖，1～5 隔，多数 3 隔，大小（12.1～41.8）μm×（1.5～4.1）μm（平均 23.5 μm×2.6 μm）；小型分生孢子数量少，卵形或椭圆形，串生或假头状着生于产孢细胞，无隔或具 1 隔，大小（2.3～9.4）μm×（1.1～3.4）μm（平均5.5 μm×1.5 μm）（图 4－4）。厚垣孢子球形，单生、对生或串生，直径 4.9～9.0 μm。产孢细胞单瓶梗，长筒形，长度通常大于 50 μm。

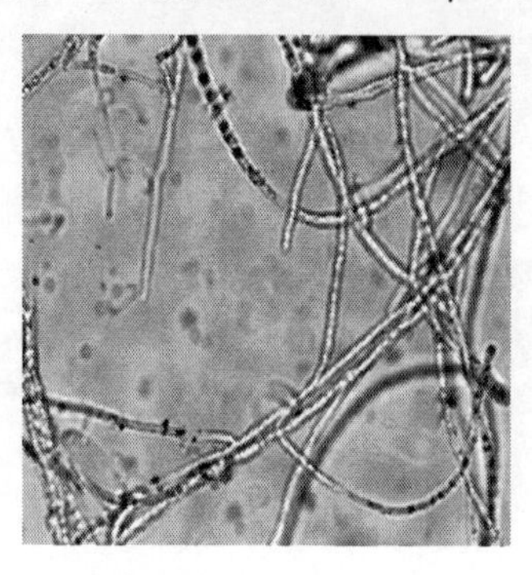

图 4－3　茄病镰刀菌菌丝

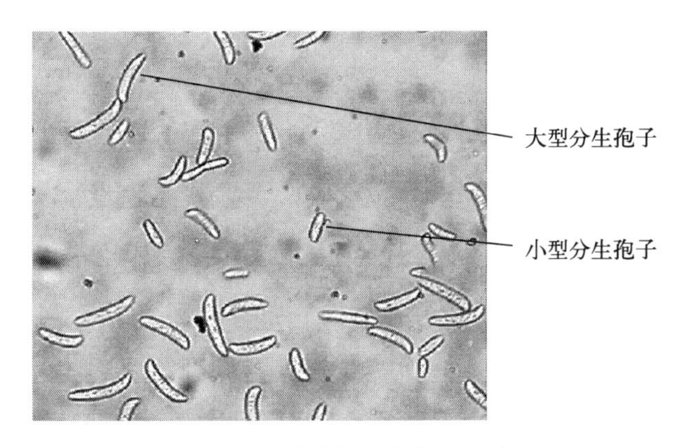

图 4-4 茄病镰刀菌分生孢子

三、发病规律

病菌主要为害根部，一般从根尖或地下部伤口侵入。发病初期被害植株的侧根或细根首先发病，此后在根的中部发生腐烂，且呈黑褐色；后期主根变成黑褐色的表皮壳，内部为乱麻状的木质化纤维。细根部发病后，扩散到根中部或茎基部，向上蔓延到叶片，并由中心病株向四周蔓延。发病植株长势衰弱，植株小，叶色呈淡绿色、灰绿色，病株严重时叶片枯黄、脱落，甚至死亡。病株一般从根尖开始腐烂，进而扩展到全株。将病根从中间剖开，维管束组织呈褐色腐烂。

四、防治方法

1. 选地整地

板蓝根是一种深根系植物，故应在前一年秋天深翻土地

25 cm左右，沙性土壤可浅耕，结合整地施足基肥。基肥以农家肥为主，然后打碎土块，耙平。提倡作畦，一般畦宽1.50～2 m，高10～15 cm。种植密度以35万～40万株/hm^2为宜。

2. 合理灌水

板蓝根较耐旱，一生只需灌4次水即可。如果天气干旱，应及时灌水，确保出苗及幼苗的生长发育。降水量多的地区少灌或不灌。灌水时，水量不宜大，灌水后田内不能有积水。雨季注意排水，若长期积水，板蓝根易烂根，造成减产。

3. 化学防治

板蓝根根腐病一般在5月上中旬开始发病，6月下旬至7月下旬根腐病最严重。其防治方法除采用农业防治外，还要结合化学防治。一般播种前15 d左右，结合整地，将甲基硫菌灵或多菌灵粉剂800倍液均匀喷施于地表，并及时耙地，深度10 cm左右为宜，使药均匀混合于土壤中，防效可达67%～80%。在板蓝根生长期间，如果发现有染病植株，应及时连根带土移出田外，并用5%石灰乳在发病处消毒。在发病初期，可用噁霉灵可湿性粉剂3 000倍液、络氨铜·锌可湿性粉剂600倍液或羟锈宁7.50 kg/hm^2灌根或喷洒根颈2～3次，穴灌220 mL左右，间隔期7 d左右，防治效果显著。在生产中应注意轮换用药，喷药时，应着重于植株茎基部及地面。

第二节　板蓝根菌核病

一、症状

植株从苗期到成熟期均可发生，为害根、茎、叶和荚果，以茎受害最为严重。受害幼苗在茎基部产生水渍状褐色腐烂，引起成片死苗。植株茎部受害，通常在近地面黄弱叶片的叶柄与地表接触处首先发病，向上蔓延到茎部及枝。病部水渍状，黄褐色，后变灰白色，组织软腐，易倒伏。茎内外长白色棉毛状菌丝层和黑色鼠粪状菌核（图 4－5），后期干燥的茎皮纤维化如麻丝。茎、叶受害后萎蔫，逐渐枯死。花梗和荚果产生灰白色斑，不能结实或籽粒瘪缩。

图 4－5　板蓝根菌核病症状

二、病原

病原为核盘菌（*Sclerotinia sclerotiorum*），属子囊菌亚门盘菌纲柔膜菌目核盘菌科核盘菌属。该菌的菌核球形、豆瓣形或鼠粪形，大小为（1.5～3）mm×（1～2）mm，一般萌生有柄；子囊盘 4～5 个，盘状，淡红褐色，直径0.4～1.0 mm。子囊圆筒形，大小（114～160）μm×（8.2～11）μm。子囊孢子椭圆形或梭形，大小（8～13）μm×（4～8）μm。侧丝丝状，顶部较粗（图 4－6）。病菌寄主范围极广，可侵染 32 科，160 多种植物，在药用植物上受害重的有人参、川芎、延胡索、菘蓝、丹参、菊花、红花、益母草、补骨脂等。

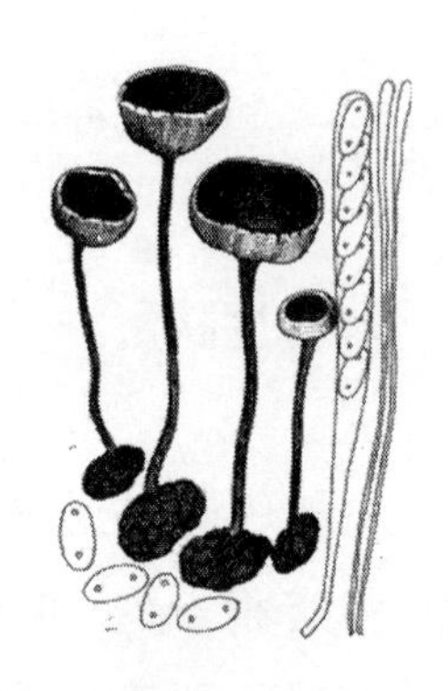

图 4－6　核盘菌

三、发病规律

病菌以菌丝体、菌核在病残组织中或以菌核落在土壤中以及混杂于种子中越冬，成为翌年的初侵染源。生长期条件适宜，菌核萌发产生子囊盘和子囊孢子，通过气流、风雨传至寄主表面，萌发引起侵染。一般先为害花瓣及老黄叶，之后菌丝由叶通过叶柄扩展到茎部。病部产生的菌丝也可通过植株间的接触传染蔓延，扩大为害。菌核还能直接产生菌丝，侵染近地面的枝叶和幼株，引起发病。

此病的发生与土壤菌核数量和环境条件关系密切。种子田在 3～4 月发病，4 月下旬至 5 月为发病盛期。偏施氮肥、排水不良、田间湿度大、植株密集、通风透光差、雨后积水、茬口安排不当、连作，均有利于发病。

四、防治方法

菌核病主要由带菌土壤和种子传播，因此，防治上应以农业防治措施为重点，辅以药剂防治。

1. 耕作栽培措施

收获时应尽量不使病组织遗留在地面；收获后深耕，将菌核翻于土层下或水淹，促进菌核腐烂；选择地势高燥、排水良好的田块栽种；种植不要过密，以保持株间通风透光，降低地面湿度；水旱轮作或与其他禾本科作物进行轮作，避免与十字花科作物轮作；增施磷、钾肥，避免过多施用氮肥，可以促使花期茎秆健壮，提高抗病力；带有菌核的种子播种前应通过筛选、水选等方法除去混杂的菌核。

2. 药剂防治

发病季节，可用40%菌核净乳剂800～1 000倍液或50%腐霉利可湿性粉剂1 000～1 500倍液、50%多菌灵可湿性粉剂600倍液、70%甲基硫菌灵可湿性粉剂1 000倍液、65%代森锌可湿性粉剂400～600倍液喷药保护。药液应集中喷施在植株中下部。一般每隔7～10 d喷1次，连喷2～3次。此外，用硫黄、石灰粉按1∶(20～30)或草木灰、石灰粉按1∶3撒施在植株中下部及地面，也有一定作用。消灭菌核可在收获后施石灰氮（每667 m^2用20～30 kg），并翻入土壤中。

第五章 丹参土传病害

丹参（*Salvia miltiorrhiza* ）又名紫丹参、血参、红参、赤参、红根等（图5-1），为唇形科鼠尾草属双子叶植物，以根入药。小叶多为单数，椭圆状卵形，茎短。粗根圆柱形，表面呈棕色且粗糙，外皮呈鳞片状掉落，质地硬而脆，味苦。一般生长于山坡树林中，主产于四川、山西、河北、安徽等地。丹参具有活血通经、凉血消肿、除烦清心之功效，用途非常广泛。

图5-1 丹 参

丹参常见土传病害有根腐病、根结线虫病、白绢病等。

第一节 丹参根腐病

丹参根腐病蔓延速度较快，一般在田间的发病率为10%～30%，重病田的发病率可达50%以上，使丹参的产量和质量受到严重影响。

一、症状

植株发病后，初期表现为地上茎基部的叶片变黄，后逐渐向上扩展，植株长势较差，似缺肥症，严重时地上部枯死，近地面的茎基部坏死，地下部根的木质部呈黑褐色腐烂，仅残留黑褐色的坏死维管束而呈干腐状（图5－2、图5－3）。该病通常发生于植株的主根及部分侧根，甚至在根系的一侧表现病状，而另一侧不表现病状。在气候和土壤湿度适合植株生长时，病株的未受害侧根可维持上部枝叶不枯死，甚至枝叶已枯死的植株仍可长出侧芽继续生长，但通常生长明显迟缓，长势较弱，根较小。

图5－2 根腐病侵染的丹参根茎（左）和正常的丹参根茎（右）

图5－3 根腐病侵染的丹参根茎剖开

二、病原

丹参根腐病病原为茄病镰刀菌，属半知菌亚门真菌。

三、发病规律

病菌主要在田间的病残体或土壤中越冬，存活时间可长达10年以上。病菌生长最适温度27～29℃，但地温在15～20℃时最易发病。因此，土壤中的病残体为初侵染源，病菌通过雨水、灌溉水等传播蔓延，从伤口和自然孔口侵入为害。该病是典型的高温、高湿病害。高温多雨、土壤湿度大、土壤黏重、低洼积水、中耕伤根、地下害虫发生严重田块易发病。如遇高温多雨季节，在低洼积水处多发生，或者久旱突雨时常突发；当田间植株过密、湿度大时病害蔓延极为迅速，且为害严重。

病菌以菌丝体、厚垣孢子在土壤中或种根上越冬，成为初侵染源。丹参根腐病一般于4月下旬开始发病，6～7月是发病盛期，8月后逐渐减少。因此，生长期防治的关键时期是4月中下旬。在雨水多、土壤湿度大、排水不畅的黏土地块，病害发生重，特别是连作田。

丹参根腐病与枯萎病通常混合发生，随连作年限延长，病菌逐年积累，导致病害发生逐年加重。在制订轮作计划时，在种植2～3年丹参后，应该实行轮作1～2年粮食作物（小麦-玉米）后，再种植1年丹参的轮作模式，以减少丹参枯萎病、根腐病的发生。

四、防治方法

按照“预防为主，综合防治”的植保方针，坚持以农业防治为基础、化学防治为辅助的综合防治措施，使丹参根腐病造成的损失降到最小，实现高产、优质和高效生产。

1. 地块选择

选择地势较高、排水良好的中壤土或壤土地块种植。地块最好有10°～15°的坡度，没有坡度的田块要起垄种植，并开挖渗水沟。下湿地不能栽种丹参。

2. 科学栽培

采用有性繁殖与无性繁殖相结合的栽培方法，在未种植过药材、蔬菜的田块采用种子育苗，然后选择无菌壮苗移栽大田，以有效解决纯无性繁殖种根带菌的问题。在移栽前施用充分腐熟的有机肥，增施磷、钾肥做基肥，初花期适当喷施叶面钾肥，促进根部生长。实行宽、窄行高垄栽培，在施入底肥翻耕整地后，按宽、窄行作畦，宽行1.2 m，窄行0.8 m，畦高15～20 cm。在宽行移栽4小行（每小行间隔30 cm）丹参，窄行不种丹参，起通风透光作用。

3. 物理防治

（1）轮作倒茬。针对丹参根腐病病菌存活于土壤的特点，每3～5年进行轮作倒茬1次，最好与禾本科作物轮作，与葱蒜类蔬菜轮作效果更好，以抑制土壤病菌的积累。

（2）清洁田园。对于计划来年继续种植丹参的田块，丹参收获后要及时清除田间病残体及杂物，并进行冬前深翻冻垡，减少来年的传染源。

（3）适时中耕。当遇到连阴雨天气和土壤较湿润时，对未发病的田块要及时中耕松土，降低土壤表层湿度，增加土壤透气性，预防根腐病的发生。

4. 化学防治

（1）土壤药剂处理。在播前每667 m^2 用25%多菌灵可湿性粉剂2 kg与100 kg细土均匀混合，开沟撒施，可有效减少根腐病的发生。

（2）地下害虫防治。由于地下害虫的为害给根茎造成有利于病菌侵入的伤口，因此栽种前要进行土壤杀虫处理。一般在栽植种苗前，每667 m^2 用3%辛硫磷颗粒剂1.8 kg加细土30 kg拌匀制成毒土，均匀撒施于地表，翻入土壤耕层，7～10 d后移栽；栽种后在地下害虫活动盛期可利用害虫的趋光性、趋化性，用杀虫灯诱杀成虫。

（3）种苗消毒处理。丹参根腐病的发生除与土壤中菌源量有关外，幼苗带菌也是病害发生的重要因素。试验结果表明，采用70%甲基硫菌灵可湿性粉剂、50%多菌灵可湿性粉剂、3%多抗霉素可湿性粉剂或2%嘧啶核苷酸类抗生素水剂200～300倍液浸根，对丹参根腐病、枯萎病有一定的防效。在丹参苗移栽时，用以上药剂浸根，将丹参苗根和茎基部浸入药液中8～10 min，然后移栽。

（4）药剂防治。对于零星发生的田块，及时拔除病株，并用生石灰处理病穴；对于普遍发病田块，发病初期用50%多菌灵或70%甲基硫菌灵可湿性粉剂1 000倍液浇灌病株及周围，每株用药量250 mL，每周浇灌1次，连续浇灌2～3次；也可用70%甲基硫菌灵可湿性粉剂500倍液喷施茎基部，间隔10 d喷1次，连喷2～3次。

第二节 丹参根结线虫病

一、症状

主要发生在植株根部的侧根或须根上，染病后产生大小不等的瘤状根结（图5-4）。解剖根结，病部组织里有很多细小的乳白色线虫。根结之上一般可长出细弱的新根，致寄主再度染病，形成新根结。地上部症状因发病的轻重程度不同而异，轻病株症状不明显，重病株发育不良，植株短小、黄化、萎蔫，发病严重时全株死亡。

图5-4 丹参根结线虫病

二、病原

病原有南方根结线虫、纤毛棘刺线虫（*Helicotylenchus apiculus*）、咖啡短体线虫（*Pratylenchus coffeae*）、穿刺短体线虫（*Pratylenchus penetrans*）、美洲剑线虫（*Xiphinema americanum*）。

1. 纤毛棘刺线虫

雄虫经水浴加热杀死后呈直线形或稍稍向内弯曲，雄虫比雌虫略长，体形更加纤细。雄虫口针较不发达，食道部分退化。交合伞包至尾端后（图 5－5）。

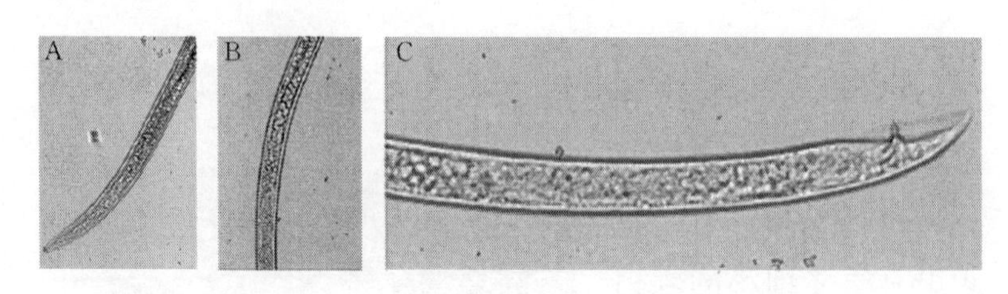

图 5－5　纤毛棘刺线虫光学显微镜下形态

A. 线虫头部　B. 线虫中部　C. 线虫尾部

2. 咖啡短体线虫

雌虫体形粗短，经水浴加热杀死后虫体变僵直或略弯曲。皮纹明显，有 4 条侧线，侧带非网状。唇区低且稍缢缩，2 条唇环。头架轻度骨化，向虫体后延伸一个体环的距离。口针粗短且发达，基部球呈圆形。背食道腺在口针基部球。有类圆形的中食道球。有前伸单卵巢。尾部呈类圆柱形，尾端无纹，多数平截，少部分线虫尾部有一个明显的凹痕（图 5－6）。雄虫与雌虫数目特征基本一致。雄虫的前体较窄，口针基部球宽度退化明显。雄虫的交合刺成对存在，纤细，约 17 μm。

3. 穿刺短体线虫

雌虫水浴加热杀死后虫体僵直或稍稍向腹部弯曲，体纹

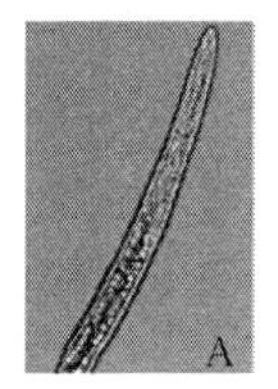

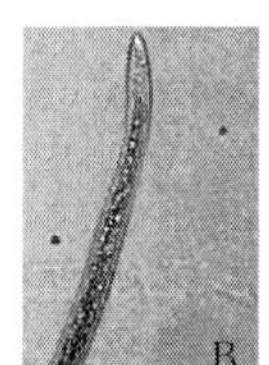

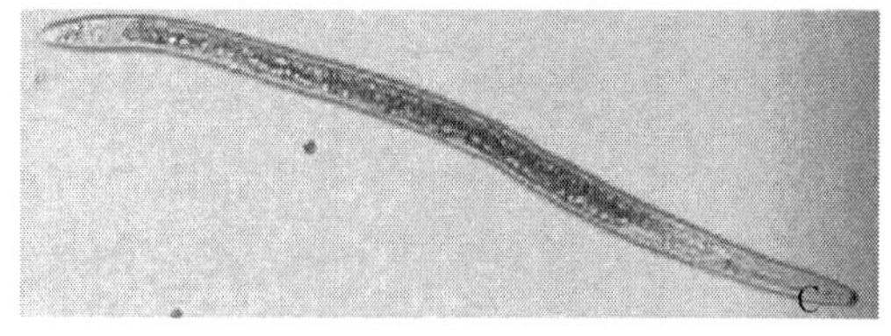

图 5-6 咖啡短体线虫光学显微镜下形态

A. 线虫头部 B. 线虫尾部 C. 线虫整体观

纤细。唇区较高，无缢缩，唇环 3 条，前部平坦。头架较发达，外缘向后延伸与第一条体环相连。口针发达且粗短，有较宽的基部球。基部球在背食道腺前方。雌虫中食道球近圆形，清晰易观察，瓣膜明显，宽度约等于该处体的半径。单卵巢，有较大的圆形受精囊，约等于体宽的 3/4，可见其充满精子。阴道长约为体宽的 1/4，较直。尾部体环明显，尾的中上部有侧尾腺口。虫尾呈锥形或锥圆形，末端钝圆无纹（图 5-7）。

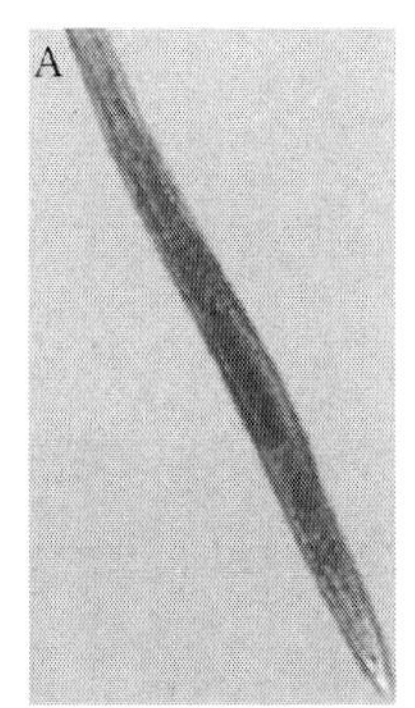

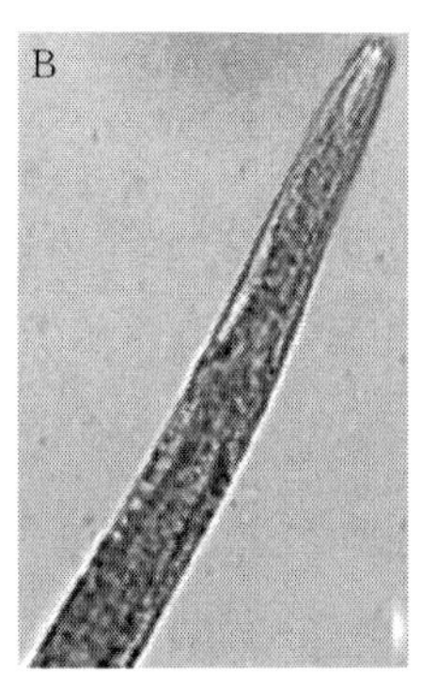

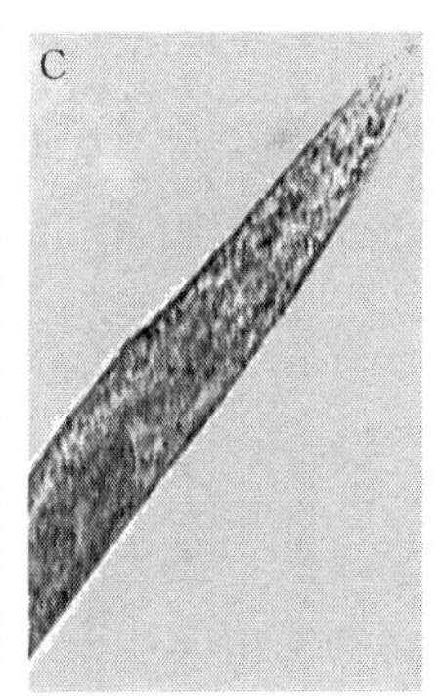

图 5-7 穿刺短体线虫光学显微镜下形态

A. 线虫虫体 B. 线虫头部 C. 线虫尾部

4. 美洲剑线虫

雄虫有高唇区，呈球形，骨化不明显。唇环有3～5条，缢缩，侧唇、食道、口针皆退化，中食道球和瓣膜不明显，针状口针，无基部球。单精巢。交合刺强壮，末端尖。交合伞至尾长2/3处，雄虫末端钝圆或尖（图5-8）。

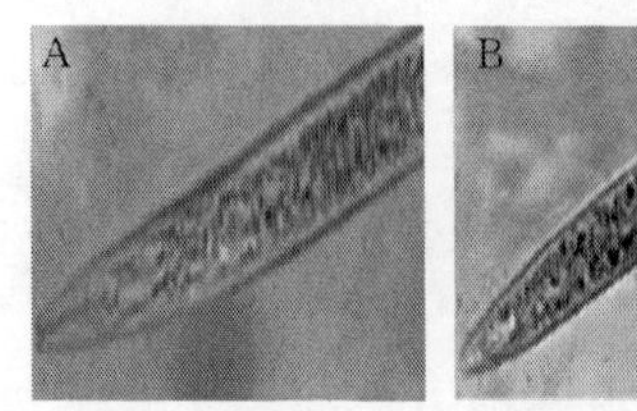

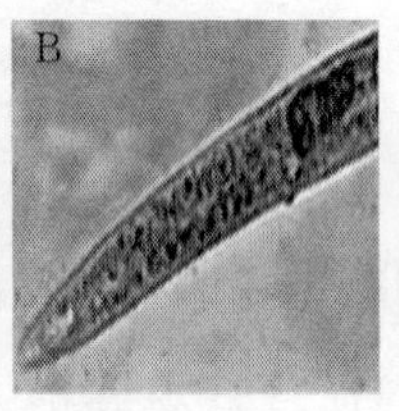

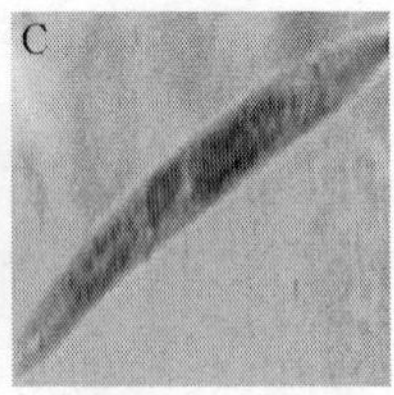

图5-8　美洲剑线虫光学显微镜下形态

A. 线虫头部　B. 线虫尾部　C. 线虫虫体

三、发病规律

该虫主要分布在5～30 cm土层内，以10～25 cm土层分布最多，常以卵或二龄幼虫随病残体遗留在土壤中越冬，病土、病苗及灌溉水是主要传播途径。在土壤中一般可存活1～3年，翌春环境条件适宜时由埋藏在寄主根内的雌虫产生单细胞的卵。卵产下后经几个小时形成一龄幼虫，蜕皮后孵出二龄幼虫。离开卵块的二龄幼虫在土壤中移动寻找根尖，由根冠上方侵入，定居在生长锥内，其分泌物刺激导管细胞膨胀，使根形成巨型细胞虫瘿（即根结）。在生长季节根结线虫的几个世代以对数增殖，发育到四龄时交尾产卵。卵在根结里孵化发育，二龄后离开卵块，进入土中进行再侵染或越冬。

根结线虫一般1年可发生多代，为害严重。丹参根结线虫的发生受土壤环境因子影响较大，疏松、干燥的土壤环境均有利于线虫的发生和传播。由于线虫属于土传病害，因此连作也是根结线虫发生的重要因素。

四、防治方法

1. 农业防治

（1）建立无病留苗基地，培育无病苗。选择3年以上未种过丹参的地块作为丹参留种基地，繁殖无病种子。用无病种子在无病田育苗，施用安全肥料，浇清洁水，确保源头上无线虫病。

（2）与禾本科作物（玉米、小麦等）实行3～5年轮作倒茬。调查显示，轮作2年的地块发病率为13%，轮作3年的为4.9%，轮作4年的为0.9%，轮作5年的为0.1%，因此，轮作倒茬是理想的农业防治措施。

（3）粪肥处理。不用带病残体的土壤和积肥垫圈，施用的粪肥必须经过高温发酵腐熟，保证粪肥不带线虫。

（4）及时清除病残体。在栽培过程中清除的病残体包括病苗、病根、杂草等，集中烧毁，农具要清洗消毒。

（5）深翻土壤，减少病源。通过深翻土壤，把线虫多的表层翻到深层，有效减轻线虫为害。

2. 物理防治

利用高温杀灭田块线虫，即夏季深翻，灌大水后再盖地膜密封，阳光照射 20 d 左右，利用高温（50 ℃）、高湿（土壤湿度 90%～100%）防治效果可达 90%以上。

3. 化学防治

（1）土壤处理。在丹参播种或移植前 15 d，每公顷施用 0.2%高渗阿维菌素可湿性粉剂或 10%噻唑膦颗粒剂 30 kg，加土 750 kg 混匀撒到地表，深翻 25 cm，进行土壤处理，可控制线虫为害。

（2）药剂灌根。发病初期用 1.8%阿维菌素乳油 1 000～1 200倍液灌根，每株灌药液 250～500 mL，每 7～10 d 灌 1 次，连灌 2～3 次，防治效果较好。

第三节　丹参白绢病

一、症状

主要为害根部。初期自茎基部至表土层的主根附近出现白色绢丝状菌核，根部湿腐，易从土中拔起；后期植株因地上部枝叶萎蔫而枯死。天气潮湿时，病株茎基部常有白色菌丝及鼠粪状的菌核。发生严重的年份造成丹参产量大幅度下降（图 5－9）。

图 5－9　丹参白绢病

二、病原

该病病原为齐整小核菌。

三、发病规律

病菌主要以菌核在土壤中越冬，也可以菌丝体随病残体遗留在土壤中越冬。翌年春季在适宜的温度、湿度下，菌核萌发产生的菌丝从寄主植物的根部或近地面茎基部直接侵入或从伤口侵入。雨水、昆虫和中耕灌溉等农事操作以及菌丝沿土表蔓延可导致田间的近距离传播，引起再侵染，扩大为害。远距离传播则主要靠带菌种苗的调运。

菌核抗逆性很强，在室内可存活 10 年，在田间干燥土壤中也能存活 5～6 年，但在灌水的情况下，经 3～4 个月即死亡；菌核通过牲畜的消化道仍能存活，故厩肥未腐熟可传病。病害适合发生的条件是高温、高湿的环境。高温、多雨天发病重，气温降低后发病减少。北方地区一般 6～8 月为害严重。土壤贫瘠、黏重、过酸、过湿发病较重；连作或种植密度过大、田间郁闭发病重。

四、防治方法

丹参白绢病防治难度较大，是一类重要的土传病害，生产上应以农业防治和生物防治为主，并配合使用土壤消毒药剂等进行综合治理。

1. 清理病株及病残体

田间发现病株，及时拔除，并在挖除病株周围土壤的同时，用石灰或硫黄粉消毒；收获后，应清除田间病残体，集中销毁。

2. 加强栽培管理

实行水旱轮作，或与禾本科作物轮作，不宜与花生及其寄生范围内的药用植物轮作；深翻土壤，掩埋菌核，促进菌核死亡；合理施肥，特别注意增施腐熟有机肥和磷、钾肥，提高寄主抗病力；适量施用石灰，调整土壤酸碱度。

3. 生物防治

育苗阶段以及发病初期按每平方米土壤施入木霉菌制剂10～15 g，防治效果较好。

4. 化学防治

田间发现病株，要及时挖除销毁，并在病穴撒施石灰粉消毒。四周邻近植株还要浇灌50%多菌灵或甲基硫菌灵可湿性粉剂500～1 000倍液，或50%氯硝胺200倍液，控制病害。

第六章

当归土传病害

当归（*Angelica sinensis*），又名岷归、秦归、西当归、川归等，为伞形科多年生草本植物，是享誉盛名的道地中药材（图6－1）。据《中国药典》2010年版记载，当归以根入药，味苦、辛，性温，有补血、调经止痛、润燥滑肠的功效。研究表明，当归可以提高机体免疫能力；通过减少血管阻力，增加股动脉血流量及外周血流量，来改善局部血液微循环；对多种致炎剂引起的急性毛细血管通透性增高、组织水肿及慢性炎性损伤均有显著抑制作用；可以抑制脑部肿瘤，潜在具有延长人类寿命的能力；另外，当归水提液对治疗乳腺癌也具有显著疗效。

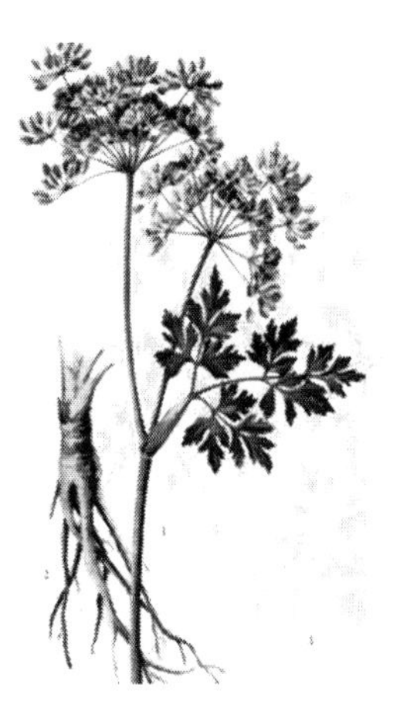

图6－1　当　归

当归作为一种重要的中药材，经济价值较高，种植面积较广。然而，种植过程中农户们常常会遇到各种病害问题，其中较常见的有根腐病、根结线虫病、褐斑病、白粉病、麻口病、菌核病、锈病等，其中土传病害根腐病和根结线虫病防治困难，发病较重。

第一节　当归根腐病

当归根腐病成为当归生产中的重要限制因子。当归根腐病的加重严重地制约着当归规范化栽培水平的进一步提高，致使当归产业发展受阻。

一、症状

根腐病主要为害当归根系及地上茎（图 6－2）。发病植株根部组织初呈褐色，逐渐腐烂成水渍状，并伴有当归腐烂臭味，只剩下纤维状皮层。地上部叶片枯萎下垂，茎呈褐色水渍状，叶片上出现椭圆形褐色斑块，最终全株死亡。

图 6－2　当归根腐病症状

二、病原

当归根腐病病原有茄病镰刀菌、尖孢镰刀菌、芬芳镰刀菌（*Fusarium redolens*）三种。

芬芳镰刀菌：在 PDA 培养基上培养 3 d 菌落直径 38 mm，7 d 直径为 70 mm。气生菌丝毡状，白色或粉色，菌落背面产生淡黄色或淡橙色色素。大型分生孢子细胞壁厚，顶细胞钩状，足基细胞较明显，2～5 分隔，大小（26.5～30.5）μm×（3.5～5）μm；小型分生孢子卵形、椭圆形或肾形，0～1 分隔，大小（5～17.5）μm×（2.5～4.5）μm。

三、发病规律

病菌以菌丝和分生孢子在病田土壤内或当归种苗上越冬，5～6 月初开始发病，6 月为害严重，6～8 月达到发病高峰，秋后因气温下降，病势逐渐减轻。病菌在土壤中分布多集中在耕作层，高温、高湿有利于病害发生。地下害虫活动频繁，根部伤口多，有利于发病。实践证明，当归不耐重茬，一般在 3 年以上的茬口，生长良好；反之，重茬、3 年以下的茬口地栽植当归，死根、烂苗、麻口病等病虫害比较严重。随着经济发展，粮食等大田作物种植面积不断减少，种植当归难以轮作倒茬成为当归扩大种植的瓶颈。利益的驱动迫使农户种植重茬当归，加重了病虫害的发生。

当归根腐病主要发生在种苗移栽至收药的整个生育时期，发病高峰一般在 6～7 月。其患病部位是根茎部，呈红褐色，叶柄失水凋萎变紫褐色。苗期病株小，新根细，主根先变褐腐烂，病株 10 d 内即干枯。6 月中旬后，植株开始抽薹，此时病株 15～20 d 才枯死。发病过程是由根茎向下，由主根向侧根。

田间发病植株首先可见茎基部外层叶片呈萎蔫状态，叶片边缘有内卷的趋势。此期采挖病株，可见主根上半部 2～4 cm 处变褐色，且表皮粗糙，呈水渍状，用手挤压变色部易流出水汁，无脓状、无臭味。后期地上部全部萎蔫下垂，并很快干枯，这时采挖病株，可见根部已全部腐烂。

四、防治方法

当归根腐病防治需采取“预防为主，综合防治”的方针。

1. 耕作措施

与禾本科植物轮作，发现病株，及时拔除，并用生石灰消毒病穴。如“麦类—豆类—当归”轮作倒茬模式，生产中，前一茬作物的病虫害防治要及时到位，保证给当归一个健康优质的土壤基础。深耕细作，为当归根系的发育创造有利条件。彻底清除田间杂草和根茬，破坏病虫越冬和滋生场所，防止杂草田间堆积腐烂。当归收获后，应及时将田间的病株残体捡净，进行深埋或无害化处理，严格控制病源，防止病害蔓延，避免造成对下茬当归的为害。有机肥要充分腐熟，必要时在有机肥中投放有毒饵料，杀灭田间害虫。

2. 土壤处理

当归土传病害主要是由重茬引起的，根腐病、麻口病是当归产区的主要病害；在整地施肥时，每 667 m^2 施用土壤修复剂重茬病克 1.5～3 kg 或抗重茬菌剂（含有枯草芽孢杆菌、不吸水链霉菌等多种有益菌）可有效抑制镰刀菌、腐霉菌等有害菌的繁殖，以菌克菌，充分应用生物技术从根本上解决土传病害。

3. 选好种苗

带菌种子是病菌的来源之一。在10月采挖种苗时，应注意淘汰有病药株。当归苗在冬季贮藏期间，如果覆土太薄或覆土太干燥，则会影响药苗的健康休眠，会促进病菌的发生和扩展。所以在栽种时，要严格选择，对带病药苗要坚决淘汰，以防病害在大田扩散蔓延。

4. 种苗处理

育苗时用50%多菌灵可湿性粉剂，或70%甲基硫菌灵可湿性粉剂按种子重量的0.3%～0.5%拌种。移栽前用1∶1∶150的波尔多液浸泡种苗10～15 min，晾干，也可在栽植前，挑选质量好的苗，用含苦参素、嘧菌酯的悬浮剂或种衣剂，蘸根后栽植，可有效防治苗干烂，同时兼治麻口病。

5. 高垄栽培

推广高垄栽种，要求垄高15 cm、垄宽60 cm、沟宽40 cm。每垄种植3行，平均行距33 cm、穴距25 cm，每穴植2株。待早薹盛期过后，每穴只留1株健株，间去其余植株，保苗120 000株/hm^2左右。高垄栽培可防止水涝，创造通风透光条件，减少病源。

6. 化学防治

在生长期及时灌根是防治当归根腐病行之有效的措施之一。应于5月上旬当归出苗后用四霉素1 000倍液配嘧菌酯1 000倍液灌根，每穴灌药液50 g，兼防根腐病和麻口病。选用适宜的农药及时进行灌根处理。用70%甲基硫菌灵可湿性粉剂800倍液+50%辛硫磷乳油1 000倍液，每穴灌药液50 g进行防治；用根腐灵500倍液+1.8%阿维菌素乳油1 000倍液，每穴灌药液50 g进行防治；用58%甲霜灵·锰锌可湿性粉剂1 000倍液+40%毒死蜱乳油1 000倍液，每穴灌药液50 g进行防治。及时拔除病株，带出田外集中处理，病穴用70%甲基硫菌灵可湿性粉剂500～1 000倍液全面洒施，以防病菌扩散和蔓延。

第二节　当归根结线虫病

一、症状

当归根结线虫病发生于当归的根部，受根结线虫侵染后当归根部可以形成大小不一的串珠状瘤肿，根系生长受抑制，根毛发生减少，影响根系对水分和无机养分的吸收（图6-3）。当根结线虫大量侵入寄生后，对植株营养进行掠夺，造成全株性营养不良，致使植株地上部出现植株矮小、叶片发黄、叶尖叶缘枯焦等症状。由于根是当归的主要药用部位，根结线虫的为害引起根系发育不良，根重下降，影响产量和品质。同时，根结线虫侵

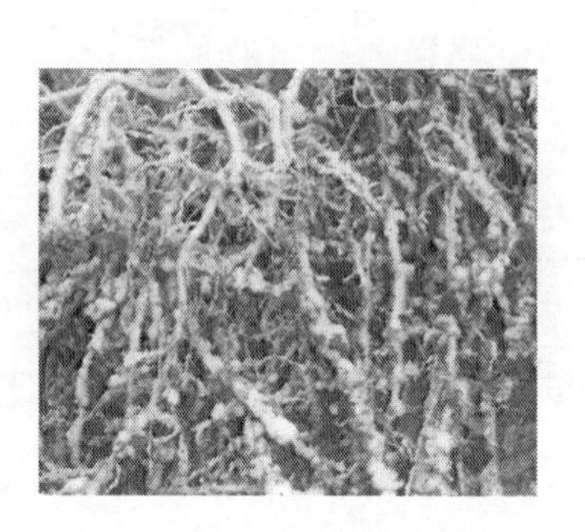

图6-3　当归根结线虫病

染造成根系畸形以及长出不规则的肿瘤块，使当归的商品价值严重受损。

二、病原

当归根结线虫病的病原为根结线虫属中的南方根结线虫。参考第二章第二节相关南方根结线虫特征。

三、发病规律

根结线虫是一种土壤习居的专性植物寄生生物，其发育分为 3 个阶段，即卵期、幼虫期和成虫期。其中卵期和幼虫期大多在土壤中完成，而成虫阶段则在寄主植物根内。每年立春后，随着土温的升高和种植季节的临近，土壤中的卵受植物根系分泌物的诱导开始孵化，形成对寄主植物具有侵染型的幼虫，侵染型幼虫在土壤中活动寻找寄主，到达寄主根系后从根尖附近钻入根组织内，在根组织内固定寄生并发育成成虫。成虫主要以孤雌生殖的方式进行繁殖，产卵排出体外，完成初侵染。在寄主和气候条件适宜的情况下，产出的卵立即孵化，并侵入寄主，形成再侵染。通常在适宜条件下，根结线虫完成一次侵染经历 30 d，因此一个生长季节可以发生多次再侵染。入冬后土温降低或生长季节结束，根结线虫的侵染活动逐渐停滞，以卵或休眠型幼虫的形式转入较深土层或在病根残体及田间杂草根中越冬，直至下一个生长季节。根据前期的土壤调查，发现当归根际土壤中的根结线虫幼虫数量存在 2 次高峰，第一次在 4 月下旬至 5 月上旬的当归大田移栽期，之后开始下降，至 6 月初数量迅速回升，8 月底达到第二次高峰，其中第一次高峰对第二次高峰的形成规模有决定性影响。根结线虫病的发生具有较为隐蔽、传播蔓延快、逐年累积加重、不易根除的特点。主要有三方面原因：一是因为根结线虫病为害的是植物的地下部，病程较为缓慢，在发病初期，地上部症状表现不明显，常与缺水、缺肥现象相混淆，不易被察觉，从而错过防治的最佳时期，进入发病后期，根结线虫大量繁殖侵染，地上部症状明显时根系已严重感染，经济损失无可挽回；二是因为根结线虫病属于典型的土传病害，流水、耕作和种苗调运等涉及土壤搬运的活动都能引起病害的传播蔓延；三是因为病原在土壤中有很强的生存能力，受到土壤环境的制约，常规的物理、化学因素很难对病原线虫群体构成显著影响，而且根结线虫的寄主范围十分广泛，多数农作物、杂草的活体根系及残根都是其滋生的场所，通过对寄主的侵染，病原线虫群体在土壤中不断增殖富集，病害逐年加重，最终酿成灾害性的暴发流行。根结线虫病是一种极难根治的病害，一旦感染农田土壤将难以清除。

四、防治方法

1. 苗床处理

长势旺盛的当归种苗是发挥植株自身抗病性，抵抗包括根结线虫病在内的各种病害的基础。对于根结线虫病来说，苗期感病的时间长，将会对当归生产造成远大于大田期感病的经济损失。带病种苗的调运也是当归根结线虫病迅速蔓延暴发成灾的一个重要原因。

为确保当归种苗无病、健壮，应尽可能采用专业化集中育苗的生产方式，选择土质疏松、肥沃、土壤结构好、水源方便的南北朝向、半阴半阳的缓坡地作为苗床用地。土壤是根结线虫的主要滋生场所，为避免土壤带虫的风险，应杜绝使用前作是烟草、马铃薯、瓜类等根结线虫易感作物的地块作为苗床，同时在播种前对土壤进行消毒处理。消毒土壤可以采用化学药剂如棉隆、威百亩等，在播种前 1 个月进行盖膜熏蒸，也可以采用火烧土的方法，在播种前 3～4 d 用枯枝 30～45 t/hm^2，大小合理搭配，铺于墒面，然后把田垡和细土铺于上面，堆沤 24～48 h。

2. 选择适宜地块种植

当归适宜生长在海拔 2 000～2 600 m 的地区，喜阴凉环境又怕涝。根结线虫病在灰塘土、沙性土中发生更严重。因此选择当归适宜生长但根结线虫病不易发生的地块可有效控制病害发生。一般选择土壤肥沃、保水性好的壤土缓坡地，易涝地块、灰塘土、沙性土应避免种植当归。

3. 大田期肥水管理

化学肥料的合理使用是提高当归植株抗病性，实现高产高效的基本条件，特别是氮、磷、钾一定要足量，并合理搭配使用。根据相关资料，高产优质当归需（大量）肥料氮（N）：

磷（P_2O_5）：钾（K_2O）为1：(0.5～0.6)：0.2，根据土壤肥力及农户用肥实际，建议在保证施用氮肥的前提下，增施磷、钾肥。有机肥可明显改良土壤的理化性状，所含元素齐全，是当归生产的优质肥料。同时，有机肥也有助于改善土壤微生物的群落结构，促进有益微生物在土壤中增殖，从而对土壤根结线虫的种群起到抑制作用。因此，在当归的大田种植期底肥应以有机肥为主，施用充分腐熟、松散、不结块的有机肥30～45 t/hm^2。

水流携带是根结线虫病在田间蔓延传播的重要途径之一，做好当归田的排灌水工作，避免旱季大水漫灌和雨季的积水，对于控制根结线虫病发生有较为重要的意义，尤其在当归生长膨大期，刚好进入雨季，田间积水易引发根结线虫病和根腐病，造成烂根、死苗，严重影响产量、质量，进入雨季前地势低的地块要及时开挖排水沟。

4. 保持田园卫生

田间病株、残根和杂草是根结线虫的主要滋生和越冬场所。为了有效降低土壤虫量，在当归的大田种植期应注意加强中耕除草，培高墒面促进根系发育，尽可能将田间杂草连根铲除，及时发现病株并连根拔除。在当归收获后彻底清除土壤中遗留的残根，清理出的残根移出田外集中深埋或烧毁。另外，考虑到根结线虫病的土传特点，还应做好农具和农资用品用前、用后的清洁和消毒工作，避免病害因农事操作在农田之间传染。

5. 建立合理的种植制度

当归种植过程中存在明显的连作障碍，选择根结线虫的非寄主植物与当归进行轮作，是一项简便易行的农业防治措施，有利于有效降低土壤根结线虫种群数量，提高土壤肥力，减轻根结线虫病及根腐病的为害。根据当地的生态特点和种植习惯，用玉米、万寿菊与当归进行隔年轮作，能有效防治根结线虫病。其中万寿菊与当归轮作尤其值得推广，根据报道，万寿菊的根系分泌物和花、叶凋落物具有很强的杀线虫活性，而且万寿菊作为食用色素提取的一种原料作物，经济效益较高。研究发现种植一季万寿菊后再种植当归，当归根结线虫病的发病率下降可达49.5%，当归增产达58.3%。

6. 冬季土壤休闲和翻晒

土壤中的根结线虫主要存在深度30 cm的土层内，干燥和紫外线照射可以直接杀死线虫的幼虫和卵。利用这一特点，可以在当归收获后的冬春季节，实行土壤休闲和翻晒。在根结线虫病发生较为严重的田块，对土壤耕作层进行20 cm以上的全面深翻，曝晒7～10 d后再次深翻，整个冬春季如此翻晒2～3次，再配合残根清理，即可在种植季节到来前将土壤中越冬的线虫基本杀灭。

7. 化学防治

化学防治虽然存在农残增加、引发药害和病原抗药性增强等风险，但由于其高效、速效等优点，仍然是防治植物病害的重要措施，特别是在面临病害严重发生时，甚至是唯一有效的措施。在当归根结线虫病的防治上，应将化学防治作为农业防治和生物防治的重要补充手段，在使用过程中尤其要注重对防治时机、农药种类、剂型和用量的把握，尽可能做到安全、高效使用。

化学杀线虫剂普遍具有高毒、高残留的特点，大部分已在中国被禁用，目前可供选择的化学杀线虫剂品种很少，较为常见的有阿维菌素和噻唑膦，剂型以颗粒剂和乳剂为主，颗粒剂药效发挥较慢但持续时间长，乳剂速效但药效持续时间短，因此颗粒剂应在移栽拌塘时使用，乳剂可以在土壤中线虫集中孵化时灌根使用。

在防治时机的选择上，由于根结线虫的成虫阶段是在寄主植物体内，防治措施往往难以奏效，而卵及幼虫阶段暴露在寄主根组织之外的土壤中，如果在卵的孵化高峰开始至幼虫侵入高峰到来前采取适当的措施将会取得较佳的防治效果。针对发病规律，化学药剂施用的最佳时期应在当归移栽及之后的 45 d 内，之后为防止农残超标应避免施用。对于多年根结线虫病发病严重的田块，在当归种苗移栽前每条种植沟施入 12.5%的噻唑膦颗粒剂 1.5～2.0 g，并充分拌塘，待根系恢复生长后，视土壤和气候条件，每隔 5～7 d 用 5%的阿维菌素乳剂 2 000 倍液灌根 1～2 次。

第七章

党参土传病害

党参（*Codonopsis pilosula*）属桔梗科党参属多年生草本植物，有乳汁。根常肥大呈纺锤状或纺锤状圆柱形；茎基具多数瘤状茎痕，茎缠绕，不育或先端着花，花黄绿色或黄白色；叶在主茎及侧枝上互生，叶柄有疏短刺毛，叶片卵形或狭卵形，边缘具波状钝锯齿，上面绿色，下面灰绿色；花单生于枝端，与叶柄互生或近于对生，花冠上位，阔钟状，裂片正三角形，花药长形；种子多数，卵形，7～10 月开花结果（图 7－1）。

图 7－1 党 参

党参为中国常用的传统补益药，产于中国北方海拔 1 560～3 100 m 的山地林边及灌丛中。古代以山西上党地区出产的党参为上品，药用党参为党参的干燥根，为常用大宗药材。具有补中益气、健脾益肺、增强免疫力、扩张血管、降压、改善微循环、增强造血功能等作用。此外对化疗放疗引起的白细胞下降有提升作用。

党参是重要的药用经济作物，常受到病害的为害而致减产。党参常见病害有根腐病、紫纹羽病、锈病、白粉病、斑枯病、灰霉病等。近年来，党参根腐病、紫纹羽病等土传病害在党参产地发病严重。

第一节　党参根腐病

党参根腐病又称烂根病，主要为害地下须根和侧根。根、块根、鳞茎腐烂以后，产量损失严重，质量变劣，有的甚至完全失去药用价值。

一、症状

发病初期，靠近地表的根上部及须根、侧根产生红褐色病斑，后逐渐蔓延到主根甚至全根。根部自下向上呈黑褐色、水渍状腐烂，最后植株由下向上变黄枯死。如发病较晚，秋后可留下半截病参。翌年春季，病参芦头虽可发芽出苗，但不久继续腐烂，植株地上部叶片也相应变黄并逐渐枯死（慢性型）。有时，地上部叶片出现急性萎蔫枯死，但叶色仍为绿色、不脱落，参根外观正常，剖开主根，部分或整个维管束变为黄色至红褐色，形成纵向的变色条带。随着病情进一步发展，地上茎和叶片青枯，须根萎缩，主根出现软腐，不久全株死亡，造成明显缺苗断垄（急性型）（图 7－2）。地潮湿时，腐烂根上有白色绒状物。

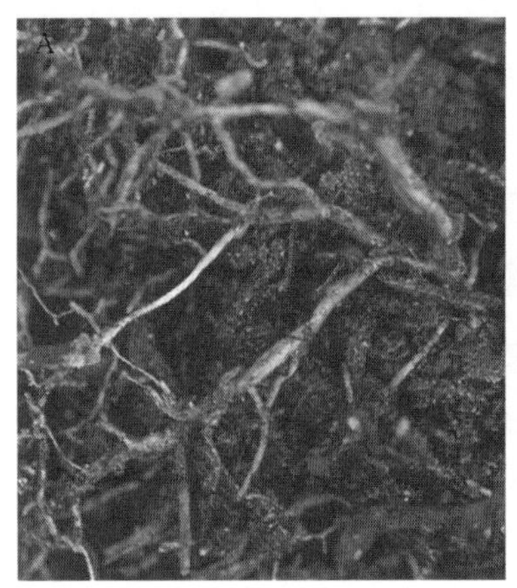

图 7-2 党参根腐病

A. 急性型 B. 慢性型

二、病原

该病病原为刀尖孢镰刀菌。

三、发病规律

病菌主要以菌丝体潜伏在种子里面、土壤中或带病植株体内组织中，也可以分生孢子黏附在种子植株表面越冬。种子、土壤、党参幼苗带的病菌是根腐病发病的病原体。这些病原体在翌年春季产生菌丝体，菌丝体产生分生孢子，分生孢子借风、雨、昆虫传播进行再侵染。病菌最适侵染温度为 22～23 ℃。夏季雨水比较丰富，温度比较适宜，气温在 20～30 ℃

时是菌丝体和分生孢子生长的最适环境，所以党参根腐病一般在 5 月下旬开始发病。6～7 月是党参根腐病发病的最佳时期，也是党参根腐病防治的最佳时期。病害发生与土壤温度、湿度密切相关。温度过高，雨水过多，田间积水，党参地面藤蔓匍匐过密，都会加快病害迅速传播和侵染植株。由于病原体可以在土壤中逐年积累，连作就会使党参发病较早、较重。虫害造成的伤口导致病原体入侵，是根腐病发生的原因之一。到了 8 月中下旬，随着气候转凉，病害的发展逐渐趋于缓慢直到暂停。

四、防治方法

1. 农业防治

提倡“预防为主，综合防治”的策略。在党参根腐病的防治上，种植前宜选择生荒地，清洁田园，清除未翻耕前地块表面及周围的枯枝、树叶及杂草，进行集中焚烧，并每 667 m^2 使用 80～160 kg 石灰对土壤进行消毒、翻耕越冬。若不是生荒地，前茬作物以小麦、玉米、豌豆为宜，避开马铃薯、黄芪、当归等茬口。实行党参与玉米、豆类 2 年以上的轮作，可减少病源，忌重茬。所用的圈肥要充分腐熟。为了避免藤蔓密铺地面，在田间搭架，有利于地面党参藤蔓通风透光，雨季随时清沟排水，降低田间温度、湿度，减轻发病。

2. 源头控制

选用抗病、耐病品种，培育壮苗。采挖党参苗时尽量不损伤根系。移栽时要挑选，淘汰伤、残、破、损、带病的党参苗，同时用50%多菌灵粉剂500倍液浸泡30 min，晾干水后移栽。

3. 化学防治

用25%多菌灵粉剂500倍液浸党参种30 min，或处理播种的苗床，杀死带有根腐病的菌丝体及分生孢子。在易发病的高温多雨季节要随时检查，发现病株立即清除，并用5%石灰乳剂、50%多菌灵500倍液或50%甲基硫菌灵可湿性粉剂1 500倍液浇灌病蔸及其周围的植株，以控制病害蔓延，减少损失。

第二节 党参紫纹羽病

党参紫纹羽病，俗称锈腐病，是发生面积最大、为害最为严重的党参病害。该病为害党参根部，轻者导致党参根条瘦小，呈锈褐色，重者导致整个根条干腐或湿腐坏死，严重影响党参的品质与产量。据调查，凡有党参紫纹羽病发生的地块，党参轻者减产10%～20%、减收20%～30%，重者减产、减收幅度达50%以上。

一、症状

党参紫纹羽病在党参整个生长季节均可发生。初发病时，在党参根部表皮可见有紫红色（或红褐色）丝网状菌索缠绕，伴有绒布状菌丝膜。随着病情发展，菌索和菌丝逐步蔓延，包裹部分甚至整个根系，并由表皮向根内扩展。党参根部被破坏后，一般在6月中旬地上部分开始出现发病症状，先是植株生长逐步停滞，随后地上部分叶片自下而上开始枯萎、死亡（图7-3）。8月为发病高峰期，病情可一直延续到10月。发病严重的地块，党参地上部分常呈片状枯死，发病中心十分明显，病株很容易拔起。秋季起挖党参时，可见受害党参根条表面部分或全部缠满绒布状“红锈”，品质明显下降。受害严重者，肉质部分几乎破坏殆尽，整个根条呈干腐或湿腐状，完全失去利用价值（图7-4）。

图7-3 党参紫纹羽病

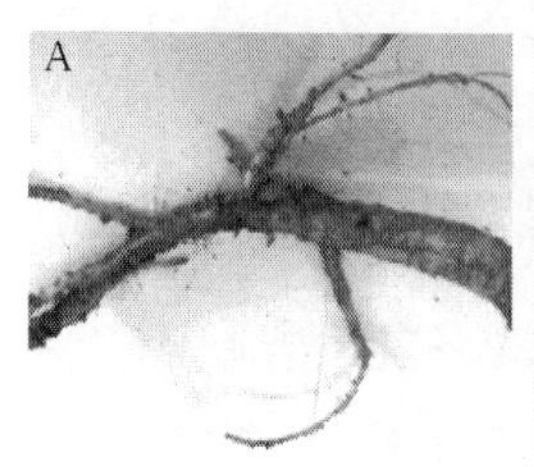

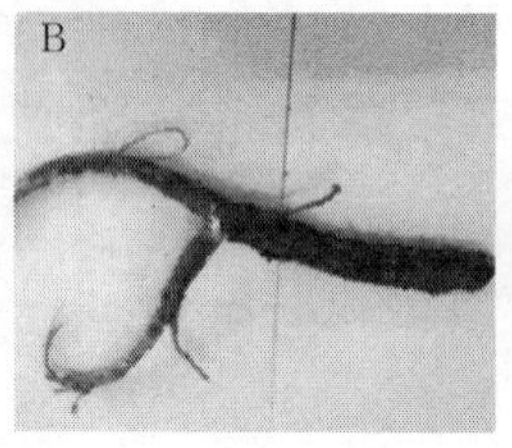

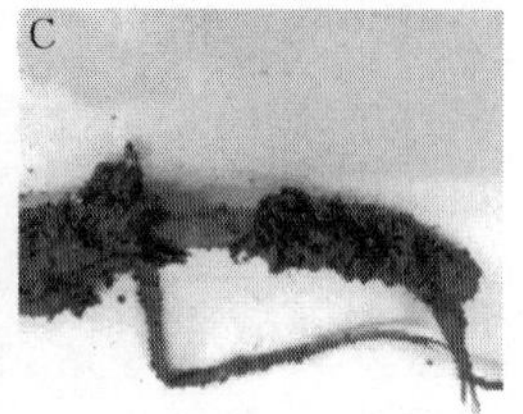

图7-4 党参紫纹羽病病根

A. 病害早期 B. 病害中期 C. 病害晚期

二、病原

病原为桑卷担菌（*Helicobasidium mompa*），属担子菌亚

门层菌纲木耳目卷担菌属真菌。该菌子实体扁平，紫绒状，由5层组成，在外层着生担子和担孢子。菌丝具隔膜，分枝处有缢缩（图7－5）。担子无色，圆筒状，大小（25～40）μm×（4～6）μm，向一方弯曲，有隔膜3个，分成4个细胞，在每个细胞上各长出1个小梗。小梗无色，大小（5～15）μm×（3～5）μm。担孢子着生在小梗上，无色，单胞，卵圆形，顶端圆，基部尖，大小（16～19）μm×（6～6.4）μm。菌核半球形，紫色，大小（1.1～1.4）mm×（0.7～1.0）mm，剖面外层紫色，内部黄褐色至白色。病菌寄主范围广泛，能为害多种林木、果树以及药用植物中的黄芪、党参、丹参、桔梗等。

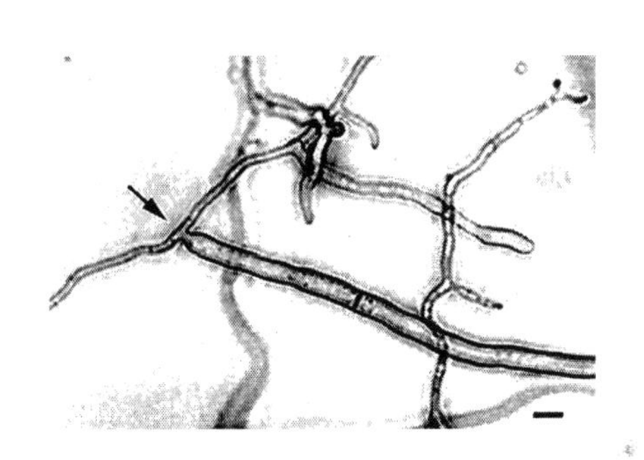

图7－5 党参紫纹羽病病菌菌丝

三、发病规律

该病菌以菌丝体、根状菌索或菌核随病根在土壤中越冬，可在土壤中存活多年，遇到新寄主，从根部侵入为害，根状菌索横向扩展可侵染邻近健根。病害主要通过土壤、种苗、未腐熟肥料传播，以重茬地发病最为严重，种过农作物的熟地发病次之，新开垦的生荒地发病最轻。此外，降水量大、湿度高年份发病较重，反之则发病较轻；黏重板结地发病较重，反之则发病较轻；重茬地培育的种苗栽后发病较重，生荒地培育的种苗栽后发病较轻。pH 4.7～6.5 偏酸性土壤、潮湿、夏季多雨，有利于病害发生。

四、防治方法

1. 培育无病参苗

选用多年种植禾本科植物的无病田育苗。

2. 土壤处理

在播种或移栽前，每 667 m^2 施生石灰 80～100 kg，以改善土壤环境；用 40%多菌灵胶悬剂 500 倍液或 25%多菌灵粉剂 300 倍液浇灌土壤，用药液量 5 kg/m^2，防病效果较好。

3. 浸根

在移栽前用 40%多菌灵胶悬剂 300 倍液浸泡移栽的参苗 30 min。

4. 耕作栽培措施

发病率高的田块彻底清除田间病残体，实行与玉米、高粱、麦类等禾本科作物轮作，一般 5 年后再种党参。施用经过充分腐熟的厩肥或饼肥做基肥，忌用林间土渣肥。

第八章

地黄土传病害

地黄（*Rehmannia glutinosa*），玄参科地黄属多年生草本植物，高可达 30 cm。根茎肉质，鲜时黄色。在栽培条件下，茎紫红色，直径可达 5.5 cm。叶片卵形至长椭圆形，叶脉凹陷。花在茎顶部略排列成总状花序，花冠外紫红色，内黄紫色，药室矩圆形。蒴果卵形至长卵形。花果期 4～7 月（图 8-1）。

图 8-1 地 黄

生于海拔 50～1 100 m 的山坡及路旁荒地等处。因其地下块根为黄白色而得名地黄，其根部为传统中药之一，最早出典于《神农本草经》。依照炮制方法在药材上分为鲜地黄、干地黄与熟地黄，同时其药性和功效也有较大的差异。按照《中华本草》功效分类：鲜地黄为清热凉血药；熟地黄则为补益药。此外，地黄初夏开花，花大数朵，淡红紫色，具有较好的观赏性。

在地黄的生长过程中，受病害的威胁较大，常见的病害有根腐病、根结线虫病、孢囊线虫病、轮纹病、斑点病和病毒病等，其中土传病害有根腐病、根结线虫病、孢囊线虫病等。

第一节　地黄根腐病

地黄根腐病又名地黄枯萎病，是一种由镰刀菌属成员侵染引起的真菌病害。该病是地黄主要的土传病害之一，在各地均有发生，其中种植植物的土壤带有致病菌是主要的感染及传播途径。地黄根腐病为害较大，可使产量减半，甚至绝收。

一、症状

根腐病主要为害地黄块根，使块根腐坏，植物枯萎。在田间自然条件下，自然罹病地黄一般在三至四叶期发病。地黄在发病初始，近地面根茎和叶柄处出现水渍状黄褐色腐烂斑，逐渐向上、向内扩展，致使叶片萎蔫，湿度大时，病部产生白色棉絮状菌丝体，后期离地面较远的根茎也发生干腐（图 8－2）。

图 8－2　地黄根腐病（示黄褐色腐烂）

严重的地块，地黄整株腐烂，只剩下褐色表皮和木质部，细根也干腐脱落，造成田间大片死苗。

二、病原

地黄根腐病病为茄病镰刀菌（图 8－3）。

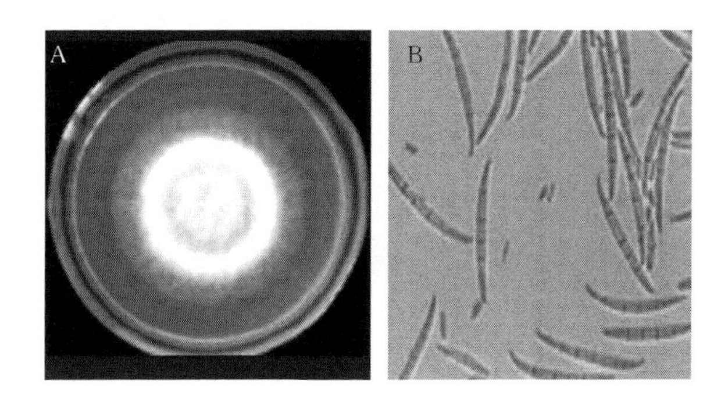

图 8－3　茄病镰刀菌

A. 菌落形态　B. 分生孢子

三、发病规律

该病病原种类复杂，除茄病镰刀菌外，恶疫霉、立枯丝核菌和帕鲁迪根红酵母均可致病，共同为害时发病严重。病菌均以菌丝体或孢子在病株和土壤中存活。种栽和土壤带菌是病害的侵染来源和主要传播途径。土壤湿度大、地下害虫及土壤线虫造成的伤口有利于发病，常造成田间大片死苗，对生产威胁很大。

四、防治方法

1. 农业防治

（1）选育抗病品种。筛选抗病品种是有效防治土传病害的主要农业措施之一，也是使用最普遍的方法。地黄抗病品种的筛选方法：在病害发生严重的地区，不断地对少数存活的植株进行选育，以获得稳定高效的抗性植株。该方法无污染，无公害，是农业生产防治病害中常用的方法之一。尽管抗病品种的研究发展迅速，但目前依然很难培育出抗多种土传病害的抗性品种。抗性单一，依然是目前限制抗病品种发展的关键因素。

（2）合理轮作。合理的种植体制，能够促进农田资源的高效利用，提高农作物的增产。轮作和连作是两种不同的植物种植体制，对土壤的品质，包括土壤微生物群落、土壤动物及土壤酶活等均会产生显著影响。利用耐连作的牛膝与地黄进行轮作，在一定程度上可改善连作地黄土壤中微生态环境，减轻地黄连作障碍及土传病害的发生。最好与禾本科作物实行3～5年轮作，不宜与玄参、白芍、菊花、红花等易感此病的植物轮作。

（3）利用有机肥料。有机肥是一种施于土壤以供给植物营养的含碳物料，可通过对动植物废弃物及残体进行加工，除去有害物质而获得。有机肥含大量氨基酸及其他营养元素，不仅能为农作物提供全面营养，同时可改善土壤性质，防止土壤盐渍化，刺激土壤中有益微生物增殖，从而有效控制真菌病害。将蚯蚓粪肥施于连作 4 年的黄瓜植物后，能明显改善土壤的理化性质，使根际土壤中真菌群落发生改变，增加有益真菌含量，从而达到有效防治植物害虫及土传病害的目的。该方法通常与轮作、抗性品种栽培及太阳能消毒联合使用，效果显著。

(4) 无土栽培。无土栽培是利用营养液或蛭石、草炭、椰糠等人造固体基质进行植物栽培，该方法能够有效地减少土传病害的发生，同时减少农药的用量。由于具有对环境友好及防病害等特点被广泛应用于农业生产中。

2. 物理防治

植物病害的物理防治常利用土壤消毒技术来实现。土壤物理消毒是利用不同的物理因子杀灭土壤中的线虫、病害真菌的技术，具有高效快速、对人畜无害以及不使有害病菌产生抗药性等优点。常见有太阳能消毒及蒸汽消毒，不同的消毒方式可配合塑料膜及管道等材料进行，通过对有害生物生长条件（高温、缺氧）的干扰，从而达到防治病害的目的。

3. 化学防治

化学防治是用化学药剂来防治植物病害的一种常用方法。通常使用的杀菌剂能够直接杀死或渗透到植物内部杀死病菌，保护植物。具有作用效果快、使用范围广的特点。

(1) 土壤熏蒸消毒。土壤熏蒸消毒通常采用熏蒸性杀菌剂进行消毒，熏蒸剂毒性较大，通常能杀灭土壤中较多微生物、地下害虫及杂草种子，能够显著缓解土传病害的问题。熏蒸消毒技术应在前茬植物收获后，后茬植物种植前进行。对土壤进行盖膜密封处理后加入熏蒸剂，密闭维持2～3 d，通风10 d左右，即可种植作物。由于熏蒸剂具有高毒性，在使用时操作人员必须经过专门培训，为了保证施药均匀，应使用机械施药代替手工施药。目前使用的土壤熏蒸剂有棉隆、威百亩及氯化苦等。

（2）田间喷药。喷药能够对病原微生物进行直接杀灭。由于具有见效快，特异性强等特点，该方法在农业生产中应用普遍。常用的化学药剂有多菌灵、三苯基乙酸锡、代森锰锌及乙霉威等。

目前，地黄病害的防治主要依靠栽培抗病品种、合理轮作和化学施药等多种方法联合使用。这些方法能有效地缓解地黄真菌病害，但是各有利弊。轮作等农业防治方式无污染且易操作，但缺点是对于控制地黄病害的作用有限，对地黄病菌的控制不具有针对性。选育和利用抗病品种是经济而有效的方式，种植地黄抗病品种可以达到一定的防治效果，但要获得一个理想的抗病品种，需要投入较多的时间、人力及物力且抗性会逐渐消失。物理防治安全、环保，但是只能限制于某种特定病害，需要一定的设施配合实施，并且无法保证全部杀死致病微生物。化学防治的优点是能快速起效，适合大面积使用，能起到比较好的防病和控病作用，但该方式污染环境，破坏生态平衡，农药残留对人畜、环境的副作用较大。生物防治以其环保无害、针对性强等特点成为近年来针对农业病害防治研究的热点，同时在农业实践中也取得了较好的防治效果。

第二节 地黄根结线虫病

一、症状

病原线虫为害植株根部，受害根变细，细毛根增多，上有许多白色的小粒，即线虫雌虫体。感病后植株生长不良，矮化，叶色变浅以至发黄，块根细小，严重影响产量（图 8-4）。

图 8-4 地黄根结线虫病

二、病原

该病病原为南方根结线虫。

三、防治方法

1. 轮作

除不能与地黄连作外，也不可与大豆等豆科作物轮作。与禾本科作物实行 5 年以上的轮作，或水旱轮作，是防治地黄线虫病的关键措施。轮作年距愈长，防治效果愈好。

2. 适时浇水

地温高、土壤干旱有利于发病。适时浇水，可增加土壤湿度，造成缺氧环境，使大量线虫窒息，减轻为害。

通过冬灌措施使土壤保持深水层 40～100 d，可使二龄幼虫和卵窒息死亡。

3. 土壤处理

耕地施肥时撒施或者沟施化学药剂阿维菌素或噻唑膦。但是，化学药剂残留周期长，环境污染重，正在面临逐步淘汰。而保护地常用的土壤熏蒸措施在大田情况下操作复杂，且成本昂贵，难以有效推广。研究表明，蓖麻提取物可以降低根结线虫为害的程度，在盆栽番茄实验中取得了明显的防效。植物天然产物，具有分解快、污染少、毒性小等特点，常用来作为根结线虫防治的潜在药剂。如茶皂素和多种植物的提取液可以有效抑制根结线虫的卵孵化。生防菌可用淡紫拟青霉，但生防效果不稳定。

第三节　地黄孢囊线虫病

一、症状

地黄受害后，植株明显矮小，叶片变黄，生长瘦弱以及早期枯萎。病株地下部须根丛生，检视根上附有许多细小黄白色颗粒（雌虫形成的孢囊），药用根茎部分不能正常膨大。

二、病原

病原为大豆孢囊线虫（*Heterodera glycines* ），属线形动物门线虫纲垫刃目异皮科孢囊线虫属。一生包括卵、幼虫及成虫3个阶段。雄成虫虫形，大小（724～1 685）μm×（23～42）μm，雌成虫腹部膨大呈洋梨形或柠檬状，头部较尖，初白色，后体壁加厚变褐成为孢囊（图8－5）。孢囊大小（300～835）μm×（19～30）μm，其壁上有不规则齿状花纹，一个孢囊内平均有卵200多粒。卵长圆形，一侧微弯，长94～126 μm。二龄幼虫蛔虫形，大小（393～535）μm×

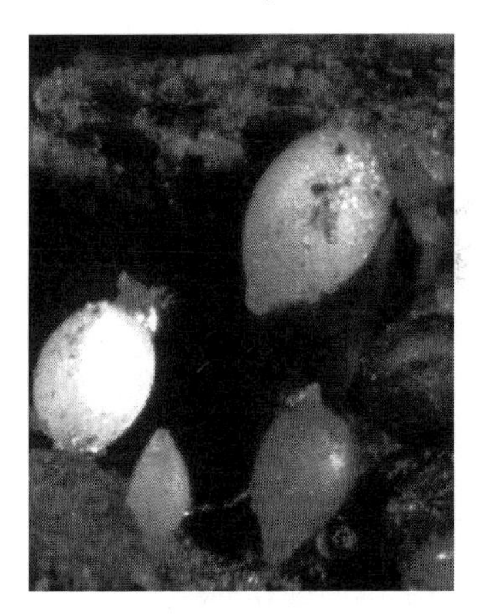

图8－5　大豆孢囊线虫（示孢囊）

(19～30) μm，背食道腺开口至口针基部的距离较短（3～6 μm）。大豆孢囊线虫主要为害豆科植物，其次为玄参科。但为害大豆的孢囊线虫和地黄上的寄生能力不同，并不易相互感染，可能是不同的生理小种。药用植物除地黄外，尚可侵染黄芪、金鱼草、野决明和歪头菜等。

三、发病规律

大豆孢囊线虫以孢囊、卵和二龄幼虫在土壤中或窖藏地黄种用根茎上越冬，翌年 5 月上旬地黄出苗时，二龄幼虫破壳而出，侵入根茎组织，在皮层中发育，经过 4 个龄期变为成虫。线虫在田间传播，主要通过田间作业中人畜携带、土壤、排灌水流和未经腐熟的肥等传播。带有线虫的种栽是远距离传播的主要方式。

环境条件和耕作制度影响线虫增殖速度和存活率，从而影响线虫的数量和发病程度。大豆孢囊线虫的发育适温为 17～28 ℃，在此范围内，温度越高线虫发育越快，每一代所需的时间越短，如平均土温在 25 ℃，完成 1 代只需 27 d，平均土温在 20 ℃则需 35 d。温度超过 35 ℃或低于 10 ℃幼虫不能发育。北京地区地黄孢囊线虫一年发生 5～6 代，6 月中旬出现第一次成虫高峰，10 月初可连续出现 5 次二、三龄幼虫高峰，世代重叠现象明显。土壤湿度对线虫生长发育也有很大影响。一般土壤湿度在 60%～80%时，最适宜生长发育，土壤过湿，氧气不足，线虫容易死亡。种植作物种类对土壤线虫数量有明显影响。据调查，连作地发病率为95%，而7年轮作地发病率仅为10%。

四、防治方法

该病的防治首先应注意检疫监控，防止把虫源传到无病区，在病区应采取以合理轮作，加强栽培管理，种植抗、耐病品种为主，辅以生物和药剂防治的综合措施。

1. 强化检疫监控

带有线虫的种栽是远距离传播的主要方式，各地引种时应加强对种栽的检验，严防病害的人为传播。

2. 选用抗病品种

地黄中早熟的小黑英、北京3号因地下根茎膨大迅速，须根较少，线虫侵入机会少，表现抗病。金状元等晚熟品种最感病。

3. 农业防治

轮作是防治孢囊线虫病最主要的措施。一般轮作年限不能低于3年。轮作年限越长，效果越好。一般与禾谷类作物等非寄主作物轮作，有条件的地方实行水旱轮作，防病效果更好；深耕、增施有机肥、土杂肥、增产菌可改良土壤，改善土壤微生物群落，以利地黄生长，减轻病害。

4. 化学防治

施用10%噻唑膦颗粒剂40 kg/hm^2，能满足地黄GAP（Good Agricultural Practice，生产质量管理规范）的栽培要求，对有效防治地黄孢囊线虫病显示出较好的应用前景。

5. 生物防治

目前孢囊线虫病的生防研究已取得了突破性进展，一批有潜在生防作用的有益微生物制剂在推广示范试验中表现出很好的防病、增产效果。如沈阳农业大学研制的大豆孢囊线虫生防颗粒剂豆丰1号，防治效果可达60%以上。施用5亿孢子/g淡紫拟青霉粉剂50 kg/hm^{2}对地黄孢囊线虫病的防治效果良好。

第九章 杜仲土传病害

杜仲（*Eucommia ulmoides*）属杜仲科，为多年生落叶乔木，又名丝楝树皮、棉树皮、胶树。该科仅有1属1种植物，是我国仅存的第三纪孑遗植物之一，属国家二级保护名贵经济树种（图9-1）。杜仲适应性极强，在我国亚热带至温带的27个省（自治区、直辖市）均可种植。杜仲被称为神奇之树，其叶、雄花、果皮和树皮都含有许多人体不可缺少的活性物质。这些活性物质具有十分独特的医疗保健功能，在促进体内胶原蛋白的合成、抗衰老、降血压、抗疲劳，调节人体免疫，预防细胞癌变，降低血脂和胆固醇，治疗心、脑血管疾病，补肝肾等方面有独特的功效，并且无毒副作用。同时，杜仲的果皮、树皮、树叶等部位均含有丰富的杜仲胶，其中果皮内杜仲胶的含量高达12%～17%，是世界上十分珍贵的优质天然橡胶资源。

图9-1 杜 仲

杜仲是药用价值极高的药材，在医学上占有非常重要的地位，主要以树皮入药，市场需求量和种植面积逐年增加。在杜仲生长过程中，易受到病害的侵染，常见病害有根腐病、立枯病、角斑病等，其中以土传病害根腐病和立枯病发病较重。

第一节　杜仲根腐病

杜仲根腐病在各杜仲主产区均有发生，多在苗圃和5年生以下的幼树上发生，尤其是以苗圃地较普遍，严重时造成苗木成片死亡并且逐年蔓延。

一、症状

1. 种芽

播种后幼苗出土前或苗木刚出土，种芽遭受病菌侵染，引起种芽腐烂死亡。低温、高湿、土壤板结或播种后覆土过深，易感此病。幼苗猝倒，幼苗出土至苗茎木质化前，病菌自幼嫩茎基部侵入，出现黑色缢缩，造成苗茎腐烂、幼苗倒伏死亡。在南方，各产区苗木出土后如遇阴雨连绵天气发病严重，可造成苗木成片死亡。

2. 子叶

幼苗出土后，子叶被病虫侵入，出现湿腐状病斑，使子叶腐烂、幼苗死亡。在湿度过大、苗木密集或揭草过迟的情况下易感此病。

3. 植株

病菌先从须根、侧根侵入，逐步发展至主根，根皮腐烂萎缩，地上部出现叶片萎蔫，苗茎干缩，乃至整株死亡。病株根部至茎部木质部呈条状不规则紫色纹，病苗叶片干枯后不落，拔出病苗一般根皮留在土壤中（图 9－2）。

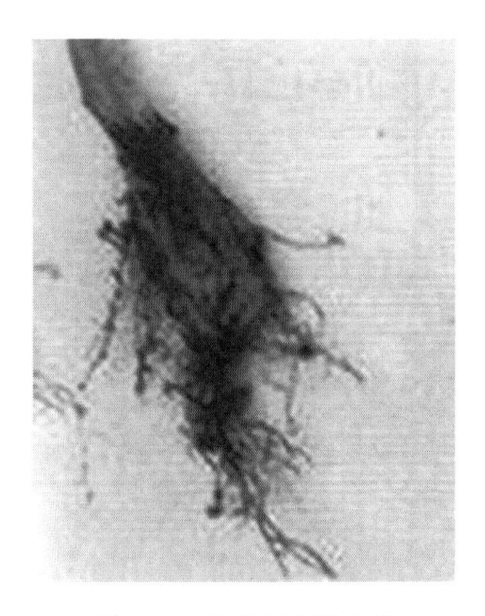

图 9－2 杜仲根腐病症状

二、病原

此病的病原为茄病镰刀菌、尖孢镰刀菌、弯角镰刀菌（*Fusarium camptoceras*）等 3 种镰刀菌，它们都是土壤习居菌，具有较强的腐生性，平时能在土壤及病株残体上生长。主要病原除镰刀菌外，还可能有立枯丝核菌、腐霉菌等。

三、发病规律

6～8 月为该病害主要发生期，低温多湿、高温干燥均易发生此病，1 年内形成 2～3 个发病高潮。当杜仲根系衰弱时，病菌侵入为害。病菌在田间靠病根相互接触及地下害虫等传播，苗圃地土壤黏重、干旱、缺肥、透气性差、苗木生长弱以及管理粗放等都能诱发根腐病的发生。

四、防治方法

1. 选好圃地

选好种植地是杜仲生长发育良好的关键，只有生长环境良好，杜仲才能正常生长。

（1）育苗地应选在地势平坦、光照充足、排水及灌溉方便的地方。南方及北方平原地区，不宜选在涝洼、易积水的地方，地下水位宜在 5 m 以上。

（2）育苗地土壤宜选用富含有机质的壤土或沙壤土。由于黏土通气、透水性差，结构坚实，不利于杜仲发芽后子叶出土，故应避开土壤质地黏重的黏土及重黏土。沙土虽然有利于幼苗出土，但保肥、保水能力差，土壤综合肥力低，不利于培育壮苗。土壤 pH 以 6～8.5 为宜。据报道，杜仲耐碱能力强于耐酸能力，故南方育苗时应避开结构不良的酸性土壤。

（3）育苗地前茬不宜为蔬菜、西瓜、地瓜、花生及牡丹等植物；尤其是前茬为牡丹的地块，金龟子往往对杜仲苗木产生严重为害，一般育苗地前茬作物宜为玉米、小麦、谷子、大豆等。育苗地不宜重茬。重茬地育苗种子发芽率明显降低，苗木树高及地径生长量下降，并大大提高苗木根腐病的发病率。

2. 土壤消毒与管理

冬季土壤封冻前施足充分腐熟的有机肥，同时加施 1.5～2.3 t/hm^2 硫酸亚铁，将土壤充分消毒，对于酸性土壤撒生石灰 300 kg/hm^2，也可达到消毒目的。同时，疏松土壤，及时排水，也能有效预防和抵抗根腐病。

3. 选用无病种子

在种子的选用上，一定要保证选取无病且优质的种子。优质的种子种皮新鲜，有光泽，棕黄色至棕褐色，种仁处突出明显，种仁充实、饱满，剥出胚乳为米黄色；而劣质种子表现为种子卷曲、薄，种仁不充实饱满，种翅多折皱，种皮无光泽，褐色至黑色。在对种子进行催芽前，应先对种子进行消毒，具体的操作措施是采用 1%高锰酸钾溶液将种子浸泡 30 min 消毒。

4. 化学防治

幼苗在发病初期要及时喷药，控制病害蔓延，即 4 月中旬至 5 月中旬，天气晴朗时，隔 1 周时间用药液浇灌 1 次，连续防治 2 次。试验证明，用 50%甲基硫菌灵 400～800 倍液，或用 25%多菌灵 800 倍液灌根，均有良好的防治效果。幼树发病后也应及时喷药防治，已经死亡的幼苗或幼树要立即挖除烧掉，并在发病处充分杀菌消毒，以免病苗对其幼苗或幼树进行感染。

第二节　杜仲立枯病

立枯病也叫猝倒病，是杜仲的重要病害，全国各种植区普遍发生，为害严重，尤其是通过种子繁殖的杜仲苗木，三叶期时该病会大面积暴发，给农户们造成极大的损失。嫁接苗一般很少会发生立枯病。

一、症状

杜仲育苗过程中，苗靠地际的茎基部变褐凹陷，严重时缢缩死亡，通常不倒伏（图 9－3）。

图 9－3　杜仲立枯病症状

二、病原

病原为立枯丝核菌，有性态为瓜亡革菌（*Thanatephorus cucumeris*），属担子菌亚门真菌。

三、发病规律

病菌长期在土中存活，该病多发生在 4 月下旬至 6 月下旬，土壤湿度大，苗床不平整、重茬地易发生。

四、防治方法

1. 农业防治

重病田实行轮作；选择地势高燥，排水良好的圃地育苗；合理密植，注意通风透气；科学管理肥水，增施磷、钾肥，适时灌溉，提高植株抗病力；深翻土地，清除田间病残组织；挑选健康种子，种植前做好种子消毒；发现染病的杜仲必须及时清除，然后撒生石灰于病穴中。

2. 化学防治

种植前每 667 m^2 用硫酸亚铁 75～10 kg 磨碎过筛，均匀撒在苗床畦面上，发病初期浇灌 43％甲醛 1 000 倍液或喷施 15％噁霉灵水剂 1 000 倍液。

第十章 甘草土传病害

图 10-1 甘 草
1. 茎 2. 根

甘草（*Glycyrrhiza uralensis*）（图 10-1），别名甜草、蜜草、甜根子、乌拉尔甘草等，为豆科多年生草本植物。甘草素有“十方九草”之称，不仅具有很高的药用价值，而且耐旱性强，具有很强的防风固沙作用，在食品、轻工、畜牧、环保等方面被广泛应用，是中国干旱、半干旱地区重要的药用植物资源。以根与根茎入药，具有补脾益气、清热解毒、祛痰止咳、缓急止痛、调和诸药之功效，是我国临床常用的中药材，也可用作食品添加剂。

随着国内外市场对甘草的需求量不断增加，供求矛盾十分突出。以往主要靠野生资源供给，长期的滥采滥挖，导致野生甘草资源日趋枯竭，甘草的人工种植面积逐步扩大，病害发生日趋严重。甘草常见病害有根腐病、立枯病、白粉病、锈病、褐斑病、链格孢黑斑病、壳二孢轮纹病、灰霉病和病毒病等。其中根腐病和立枯病为土传病害。

第一节 甘草根腐病

甘草根腐病是甘草种植过程中的重要病害，经田间调查，发病率一般为5%～10%，严重地块发病率高达80%，极大地影响甘草的产量和经济效益。

一、症状

甘草的根腐病主要发生在春夏季，初期在维管束内形成黑色丝线状病症，发病根部外观与正常植株无异，后期整个根部变黑、腐朽，易从土中拔出。地上部叶片由下而上逐渐枯黄，直至全株死亡，病部腐烂维管束变褐，但不向上发展而区别于枯萎病（图10－2）。

图10－2 甘草根腐病发病症状

二、病原

该病害病原为茄病镰刀菌和尖孢镰刀菌。

三、发病规律

镰刀菌是土壤习居菌，在土壤中长期腐生，病菌借水流、耕作传播，通过根部伤口或直接从叉根分枝裂缝及老化幼苗茎基部裂口侵入。地下害虫、线虫为害造成的伤口有利于病菌侵入。管理粗放、通风不良、湿气滞留地块易发病。

甘草根腐病主要为害3～4年生甘草植株，发病率30%左右，严重田块可达50%以上。田间2年生甘草在当年成熟后即有发生，3～4年生甘草在6～7月为病害高发期。发病初期，甘草幼苗叶片由下而上变黄，植株矮化。地下部侧根从根尖开始变褐，水渍状，随后变黑腐烂。主根下半部出现黑褐色凹陷斑，髓部变褐，并且向上发展，褐色渐浅。病株极易从土中拔起，严重时植株枯萎死亡，根部腐烂，在根部表面可见白色菌丝。

四、防治方法

1. 农业防治

控制土壤温度，防止湿气滞留；采用轮作，进行条播或高畦栽培；防止种苗在贮运和移栽过程中造成伤口，注意防治地下害虫。

2. 化学防治

（1）药液浸苗。用50%多菌灵与脂肪酸甲酯1∶1混配200倍液浸苗5 min，晾1～2 h后移栽。

（2）药液喷淋或灌根。发病初期喷淋或浇灌50%甲基硫菌灵或多菌灵可湿性粉剂800～1 000倍液、50%苯菌灵可湿性粉剂1 500倍液，也可选用50%甲基硫菌灵可湿性粉剂800倍液、3%噁霉·甲霜水剂700倍液、75%百菌清可湿性粉剂600倍液，50%福美双可湿性粉剂600倍液喷淋茎基部，或用石灰水100倍液灌根，均有一定效果。

第二节 甘草立枯病

甘草立枯病发生在人工栽培甘草的育苗期。未进行种子消毒处理，或土壤湿度过大时发病严重，造成幼苗大片死亡。

一、症状

立枯病是苗期病害，主要发生在育苗的中、后期阶段。主要为害幼苗茎基部或地下根部，初为椭圆形或不规则暗褐色病斑，病苗早期白天萎蔫，夜间可恢复正常，病部慢慢有缢缩凹陷出现，有些渐变成黑褐色，病斑向下蔓延至根部，最后甘草苗枯死，但不倒伏。

二、病原

该病的病原为立枯丝核菌。

三、发病规律

土壤质地黏重、湿度偏高、排水不良的低洼田块发病重，重茬、种植过密、降水多、温度高也有利于该病的发生。

四、防治方法

1. 加强田间管理

出苗后及时剔除病苗。雨后应中耕破除板结，以提高地温，使土质松疏通气，增强瓜苗抗病力。

2. 实行轮作

与禾本科作物轮作可减轻发病。

3. 种子处理

选择成熟度好、籽粒饱满、无虫蛀、无霉变的种子，药剂拌种时用药量为干种子重的0.2%～0.3%。采用无性繁殖时一定要选用无病插条。

4. 化学防治

发病初期及时拔除病苗，可喷洒 38%噁霜·菌酯 800 倍液，或 41%聚砹·嘧霉胺 600 倍液，或 20%甲基立枯磷乳油 1 200 倍液，或 72.2%霜霉威盐酸盐水剂 800 倍液，每隔 7～10 d 喷1 次。

第十一章 枸杞土传病害

枸杞（*Lycium barbarum*）（图 11－1），全株可入药，其根皮入药称地骨皮，有解热止咳功效，嫩芽可作蔬菜，叶可制茶，果实入药称为枸杞子。枸杞是我国重要的药用植物资源，据研究，枸杞（枸杞子）具有调节人体免疫力、抑制肿瘤生长、防治和阻隔癌细胞突变等作用。枸杞有效成分主要是枸杞多糖、甜菜碱等，其中枸杞多糖不仅具有降血压、降血脂、抗脂肪肝的作用，还具有抗疲劳、抗衰老、清除自由基、抑制过氧化脂质生成、调节免疫等作用。

图 11－1　枸　杞

在枸杞生产过程中，有许多病害发生，常见的病害有根腐病、白粉病、炭疽病、黑果病和流胶病等，其中以土传病害根腐病发病较重。

第一节 枸杞根腐病

枸杞根腐病是一种系统性病害，发生普遍，为害严重。发病时，植株维管束组织褐变坏死，植株全株枯死。因病死亡植株每年在 3%～5%，给枸杞生产造成很大损失。

一、症状

枸杞根腐病在田间普遍发生，3～8 年树均有不同程度发病，但当年树未见发病。发病植株通常表现为叶片枯黄、萎蔫，有时会出现半边发病，植株当年不死，另外半边还能长出新的枝条，但通常翌年会停止生长并整株枯死。一般从根茎基部开始发病。发病初期根部表皮发黑腐烂，并向周围扩散，破坏皮层输导组织，导致根系营养物质不能及时、足量地运输到植株地上部，使植株生长衰弱；发病后期外皮褐变脱落，只剩下木质部，木质部松软，海绵状，剖开根茎内部大部分变为红褐色，最后导致全株枯萎死亡。若发病时环境潮湿，病部偶尔会长出白色或粉红色霉层。树势较小植株发病死亡后植株容易松动，较容易拔出地面，通常根茎部全部腐烂。田间发病严重时有连片现象，植株成列枯死；病株挖除后补种植株通常也会发病，因此田间常见空缺（图 11－2 至图 11－4）。

图 11-2　枸杞根腐病田间连片发病情况

图 11-3　枸杞根腐病发病时半边枯萎

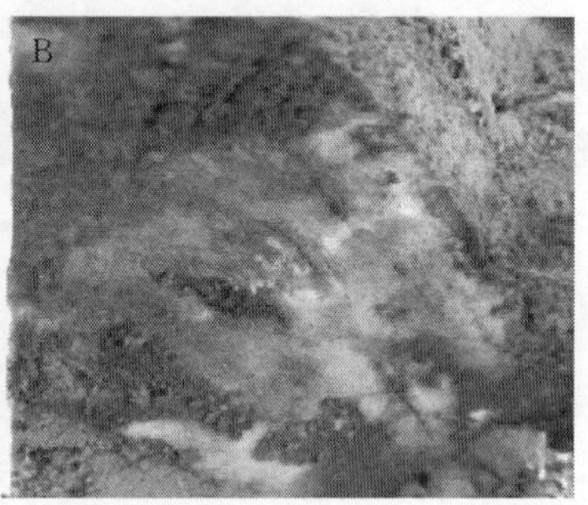

图 11-4　枸杞根腐病发病植株根茎部

A. 发病时表皮腐烂或呈白色泡沫状　B. 刨开根茎部内部呈褐色

二、病原

该病病原为尖孢镰刀菌（图 11－5、图 11－6）、茄病镰刀菌（图 11－7、图 11－8）。

图 11－5 尖孢镰刀菌菌落

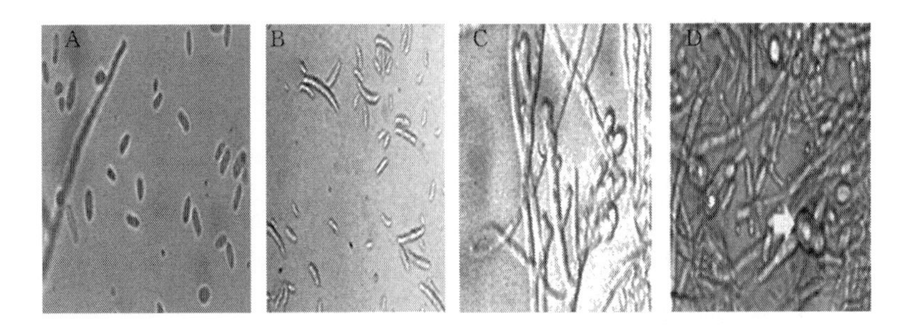

图 11－6 尖孢镰刀菌孢子及产孢结构

A. 小型分生孢子 B. 大型分生孢子 C. 产孢梗 D. 厚垣孢子

图 11-7　茄病镰刀菌菌落

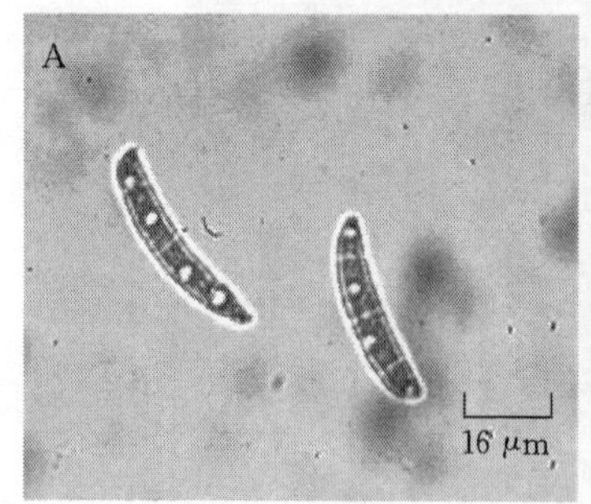

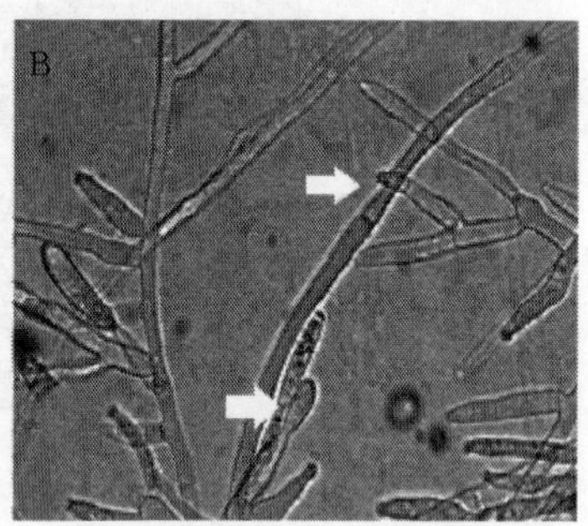

图 11-8　茄病镰刀菌产孢结构

A. 大型分生孢子　B. 产孢梗

三、发病规律

1. 温度和湿度条件

在枸杞的整个生育期内根腐病都可能发生，且发病情况与当地气候条件、灌水、栽培方式都有关系。田间积水是枸杞根腐病发生的主要因子，根际周围积水时间越长则发病率越高。枸杞根腐病从 5 月上旬开始至 10 月上旬均有可能发生，6～7 月为发病的高峰期。枸杞根腐病在高温、高湿的环境条件下更容易发生，病菌可从植株伤口入侵，其在 20 ℃时潜育，在寄主创伤处侵染 3～5 d 发病，无创伤情况下 19 d 发病。

2. 枸杞自身因素和土壤类型

当植株茎基部有机械创伤时发病率会显著提高，田间中耕伤根后平均发病率较不伤根植株发病率增加数倍。不同土壤类型对植株发病程度也有一定的影响。渗透性差的白僵土比沙壤土更易引起植株发病。存在盐渍化的沙壤土，枸杞根腐病发病相对严重。

四、防治方法

1. 农业防治

根腐病发生的环境因素主要取决于林地状况和农艺管理。肥水条件良好、栽培技术水平高、管理保护措施到位的地方发病较轻。局部积水或灌水方法不合理，均能导致病害的发生。

（1）合理密植。栽植前要做好整地工作，使地面平整不积水。雨天要及时排水，严防渍水。合理密植，增大园内株间空隙，改善通风透光条件，降低园内湿度，创造不利于枸杞根腐病发生的环境条件。

（2）肥水管理。根据枸杞园的土、肥、水、气候条件以及枸杞不同生长发育阶段的需水需肥规律，结合合理排灌、科学施肥，保持土壤良好的通风透光性能和肥力水平。

（3）清园除草。每年春季在树体萌动前，统一清除园内、沟渠、田埂、林带间的病虫枝、野生杂草、枯枝落叶等，消灭初侵染源。春季 5 月中旬以前不铲园，以营造有利于根腐病病原天敌繁衍的环境；夏季结合整形修剪以及铲园，去除徒长枝和根蘖苗，防止病菌的滋生和扩散。

（4）防止伤根。在挖园除草和剪除根部徒长枝时，避免碰伤根部。采用垄作和中耕时不伤根的农业措施，可以使枸杞根腐病的防治效果达 74.4%。对园内行间和植株根围进行翻晒，减少耕作层病虫来源。早期发现少数病株时应及时挖除，然后在病穴施入石灰消毒并曝晒，待翌年春季补栽健壮植株。

2. 化学防治

（1）药物灌根。药物灌根主要是将药物直接施于根系患病处，以提高药物的针对性。防治药剂以 45%代森铵水剂 500～1 000 倍液和 40%多・硫悬浮剂 500～1 000 倍液的效果最好。发病初期，也可用 50%多菌灵可湿性粉剂 1 000～1 500 倍液或者 50%甲基硫菌灵可湿性粉剂 1 000～1 500 倍液浇灌根部。

（2）药物喷施。坚持采用对每株由下向上、由里向外的喷药方法，并对叶背面喷药，保证每株的枝条、叶片都喷到药。喷药量以枝条、叶片上药滴细小、均匀密布，但又不互相联合、不向下滴水为宜。在插条时可用高锰酸钾 1 000 倍液淋施，插条成活后定期或不定期淋药，预防和控制病害。除用高锰酸钾溶液防治外，还可淋施15%混合氨基酸·锌·镁水剂500倍液或20%络锌·络氨铜水剂600倍液，每7～10 d淋施1次，连续淋施3～4次。当发现枝条萎缩、叶片发黄、侧枝枯死的植株时要立即拔除，并用5%石灰乳对病穴进行消毒，以防病害蔓延。

第二节 枸杞枯萎病

枸杞枯萎病是一种由真菌从根部侵入引起的维管束病害，主要为害枸杞的枝干，造成枝叶枯黄，落花落果，严重时整株死亡。该病在青海省各枸杞栽培地区历年都有发生，发病率高达53.2%。这种病早期不易察觉，一旦显出症状，即已进入晚期，很难治愈。

一、症状

该病初期病斑出现在树根的木质部，逐渐向上蔓延到枝干，解剖根、枝干的横断面，可见棕褐色呈不均匀连续的粗线条状病斑。先从皮下开始变色，逐渐向髓心扩展，外部症状为叶片突然萎缩，较正常叶小，并从树枝顶端开始枯萎，以后逐渐向下发展，叶片变色先从叶尖开始，以后沿叶脉变黄，脉间仍保持绿色，外观呈网纹状，从整株树观察发病不均衡，常出现半边树冠枯萎或仅一枝条枯萎死亡。

二、病原

该病病原为茄病镰刀菌。

三、发病规律

枯萎病菌在土壤中营腐生生活，因此带菌土壤是侵染的主要来源，病菌以菌丝体、分生孢子在土壤中越冬，翌年环境适宜时自根部伤口侵入寄主，侵入后病菌在植株维管束内繁殖，菌丝繁殖数量增多时导管被堵塞，树木因缺水而突然萎蔫、枯死。植株的生长季节就是病害的发生时期，从 5 月上旬到 10 月上旬均可发病，6 月为病害发生的盛期。植株发病率与林地状况和枸杞园的管理好坏密切相关。立地条件好，栽培技术细致，防治及时的发病率低，反之则发病严重。

四、防治方法

浇灌代森铵 200 倍液和 1％氨水对枸杞枯萎病有较好疗效。

第十二章 红花土传病害

红花（*Carthamus tinctorius*），别名：红蓝花、刺红花，为菊科红花属植物。干燥的管状花，橙红色，花管狭细，先端5裂，裂片狭线形，花药黄色，联合成管，高出裂片之外，其中央有柱头露出（图12-1）。具特异香气，味微苦。以花片长、色鲜红、质柔软者为佳。主产于河南、湖南、四川、新疆、西藏等地。可活血通经、散瘀止痛，有助于治疗经闭、痛经、恶露不行、胸痹心痛、瘀滞腹痛、胸胁刺痛、跌打损伤、疮疡肿痛。有活血化瘀、散湿祛肿的功效，避免孕妇使用，否则会造成流产。

图12-1 红 花

红花在种植过程中会发生多种病害，常见的有根腐病、黄萎病、锈病、褐斑病、炭疽病等。其中根腐病和黄萎病为土传病害，一旦发生，为害严重。

第一节　红花根腐病

红花根腐病是为害红花根部的主要病害，分布较广，红花各产区均有发生。随着红花栽培面积的迅速发展，根腐病日趋严重，某些地区发病率达40%～50%，造成严重减产，给红花生产带来了巨大的损失。

一、症状

发病初期基部叶片萎缩，逐渐向上发展，严重时在3～4 d表现全株枯萎；病株基部和主根变成黑褐色，主根的维管束变褐色，或茎皮纵裂，直至基部皮层腐烂，植株死亡，干枯时病部出现粉红色霉菌。

二、病原

该病病原为茄病镰刀菌。

三、发病规律

病菌主要以厚垣孢子在土壤中或以菌丝体在病残体上越冬，翌春产生分生孢子，从植株主根、茎基部的自然裂缝或地下害虫及线虫等造成的伤口侵入。侵入后病菌扩展到木质部，同时分泌毒素使植株枯萎死亡。后期病株根茎部产生的分生孢子借风雨传播进行再侵染。种子也可带菌并成为初侵染源，引起远距离传播。

四、防治方法

1. 农业防治

实行轮作倒茬，选用抗性强的良种，加强田间管理，及时中耕锄草，保持田间通风透光，实行小畦灌溉等，都可以减少根腐病的发生。

2. 化学防治

（1）预防红花根腐病最有效的手段就是药剂拌种。具体操作方法是用70%的敌磺钠可溶性粉剂拌种，用药量为种子量的0.4%～0.5%，堆闷24 h后播种，对防治根腐病非常有效。

（2）用70%的敌磺钠（或10%的噁霉灵乳剂）600～800倍液＋200 g磷酸二氢钾＋30 g绿风95（一种植物生长调节剂，有效成分：核苷酸、氨基酸、黄腐酸、微量元素）进行叶面喷雾，能有效防治病害。

第二节 红花黄萎病

红花黄萎病在我国红花产地发生普遍，严重时发病率达15%，尤其是前茬为棉花且黄萎病发病重的田块，发病较重。有的地块发病率高达50%，植株由于品质丧失或死亡而不能收获。

一、症状

红花黄萎病在田间一般于红花开花后开始发生，并很快进入发病盛期。植株叶片自下而上开始褪绿变黄，有些叶片褪绿不匀，呈花叶状，严重者整株枯死。剖秆检查可见维管束变成褐色。室内人工接种后，一般10～15 d开始发病，叶片自下而上出现黄化，有些叶脉也明显变黄，发病后期常整个植株萎蔫，剖秆检查可见维管束变褐色。其人工接种症状和田间症状一致（图12-2）。

图12-2　红花黄萎病症状

A. 田间症状　B. 人工接种症状　C. 维管束变色症状

二、病原

该病病原为大丽轮枝菌（*Verticillium dahliae*）。病原在

PDA培养基上培养16 d，其菌落均为圆形或近圆形。在10 ℃、15 ℃、20 ℃和25 ℃条件下培养，均产生微菌核，气生菌丝白色，不发达；在25 ℃生长最快，20 ℃次之；30 ℃不产生微菌核，菌落正面呈规则的放射状乳白色，背面米黄色；35 ℃下不生长。普通光学显微镜观察，分生孢子梗无色透明，多由1～3层轮生小梗和1个顶枝小梗组成，每层有2～4个分枝，顶枝长度32.9～75.8 μm，平均长度55.8 μm；轮枝小梗长度10.4～87.2 μm，平均长度23.9 μm；轮层间距28.5～67.5 μm，平均50.9 μm。分生孢子无色透明，椭圆形、卵形等，大小为（5.0～12.4）μm×（2.5～6.9）μm。微菌核念珠状、椭圆形、长圆形或不规则形，大小差别很大，一般（32.2～120.0）μm×（24.0～61.4）μm（图12-3）。

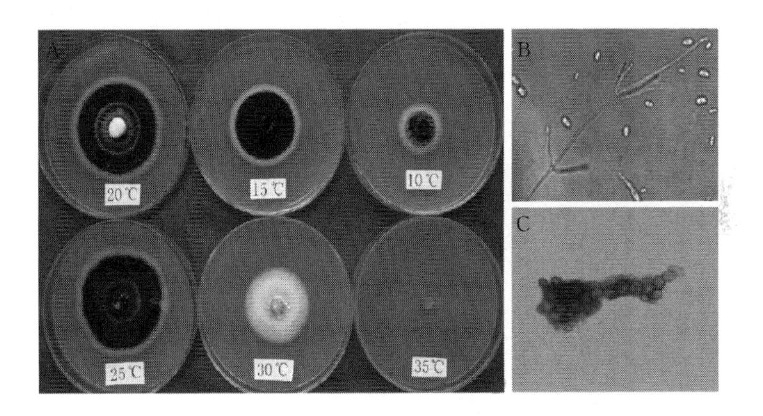

图12-3 红花黄萎病病原的形态

A. 不同温度下菌落形态 B. 分生孢子梗 C. 微菌核

三、发病规律

主要以微菌核及菌丝体在土壤、病残组织、未经腐熟的土杂肥上越冬。

四、防治方法

1. 农业防治

（1）播种前和收获后，将田间及四周杂草和农作物病残体清除，集中烧毁或沤肥；深翻地灭茬，促使病残体分解，减少病源和虫源。

（2）选用排灌方便的田块，开好排水沟，降低地下水位，达到雨停无积水；大雨过后及时清理沟系，防止湿气滞留，降低田间湿度，这是防病的重要措施。

（3）土壤病菌多或地下害虫严重的田块，在播种或移栽前要撒施或沟施杀虫的药土。

（4）选用抗病品种，选用无病、包衣的种子，如未包衣则种子须用拌种剂或浸种剂处理。

（5）要适时早播、早间苗、早培土、早施肥，及时中耕培土培育壮苗；幼苗封行前喷施一次除虫的混配药剂。

（6）施用酵素菌沤制的堆肥或腐熟的有机肥，不用带菌肥料。施用的有机肥不得含有植物病残体。采用测土配方施肥技术，适当增施磷、钾肥，加强田间管理，培育壮苗，并在台风、大雨过后，及时追肥，增强植株抗病力，有利于减轻病害。

（7）及时防治害虫，减少植株伤口，减少病菌传播途径；发病时及时清除病叶、病株，并带出田外烧毁，病穴施用药剂或生石灰。

（8）高温干旱时应科学灌水，以提高田间湿度，减轻蚜虫、灰飞虱为害与传毒。严禁连续灌水和大水漫灌。

2. 化学防治

黄萎病发生初期，可全田喷施药剂，可选用的药剂及用量：30%苯醚甲环唑·丙环唑乳油 1 000 倍液；70%甲基硫菌灵可湿性粉剂 800～1 000 倍液；0.5%氨基寡糖素水剂 400 倍液；25%咪鲜胺乳油 800～1 500 倍液；50%多菌灵可湿性粉剂 600～800 倍液；每 667 m^2 用 32%乙蒜素·三唑酮乳油 13～17 mL，对水 50 kg；每 667 m^2 用 36%三氯异氰脲酸可湿性粉剂 80～100 g，对水 50 kg；每 667 m^2 用 10 亿活芽孢/g 枯草芽孢杆菌可湿性粉剂 75～100 g，对水 40～60 kg，全田喷施。或用 12.5%多菌灵增效可溶液剂，水杨酸悬浮剂 250 倍液、25%丙环唑乳油 1 000 倍液＋45%代森铵水剂 500 倍液灌根，每株200～250 mL，每隔 7～10 d 灌 1 次，灌 2～3 次，对黄萎病有较好的防治效果，也可兼治其他叶部病害。

第十三章 黄芪土传病害

黄芪（*Astragalus mongholicus* ），又名绵芪。多年生草本，高 50～100 cm。主根肥厚，木质，常分枝，灰白色。茎直立，上部多分枝，有细棱，被白色柔毛（图 13－1）。产于内蒙古、山西、甘肃、黑龙江等地。

图 13－1 黄 芪

黄芪的药用迄今已有 2 000 多年的历史，其有增强机体免疫功能、保肝、利尿、抗衰老、抗应激、降血压和较广泛的抗菌作用。

黄芪在种植过程中常见的病害有根腐病、根结线虫病、立枯病、紫纹羽病、白粉病、锈病等，其中根腐病、根结线虫病、立枯病和紫纹羽病为土传病害。

第一节 黄芪根腐病

黄芪根腐病是一种比较常见的土传病害，近些年来，随着黄芪种植面积的不断扩大，黄芪根腐病的发病率不断上升，严重影响黄芪的品质和产量。

一、症状

病害一般从苗期（播种后约30 d，苗高8～10 cm）开始发生，并由中心病株向四周蔓延。植株受害后，地上部分长势衰弱，植株瘦小，叶色较淡或呈灰绿色，严重时整株叶片枯黄、脱落（图13-2）。地下根茎部表皮粗糙，微微发褐，有大量横向细纹，甚至产生大的纵向裂纹及龟裂纹。变褐根茎横切面韧皮部有许多空隙，呈塑料泡沫状，有紫色小点，呈褐色腐朽，表皮易剥落。木质部的髓部初生淡黄色圆形环纹，扩大后变成粗环纹，后变为淡紫褐色至淡黄褐色，蔓延至根下部，皮易剥落。剖视病根，维管束组织变褐。被害植株根尖或侧根先发病，多从主根头部开始腐烂，病株主、侧根上均可见到变皱的褐色斑，严重时根皮腐烂呈纤维状，并向内蔓延至主根；发病后期茎基部及主根均呈红褐色干腐，根部表面粗糙，侧根腐烂，整个根系发黑溃烂，植株极易自土中拔起（图13-3）。土壤湿度较大时，根部产生白色菌丝。植株地上部症状是非特异的，与地下害虫的伤害症状相似，故诊断困难。

图 13－2　黄芪根腐病地上症状

图 13－3　黄芪根腐病根部

二、病原

黄芪根腐病是土壤中病菌和病原线虫共同作用的结果，由镰刀菌及根腐线虫、矮化线虫引起，症状与当归麻口病相似。初步已确定命名的病菌主要有 2 种，即尖孢镰刀菌和茄病镰刀菌（图 13－4）。

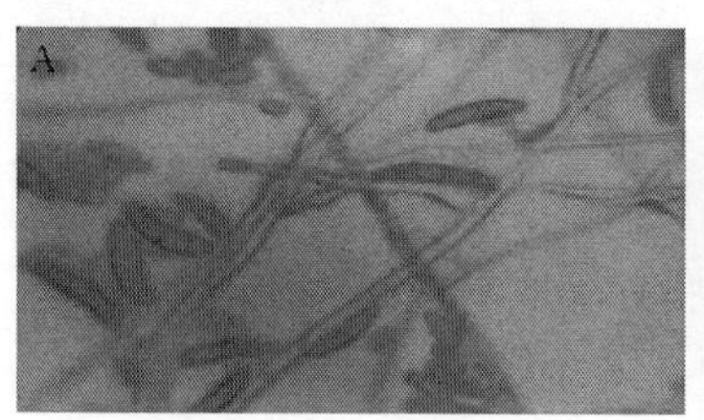

图 13－4　茄病镰刀菌（A）与尖孢镰刀菌（B）的显微形态

三、发病规律

由于受气候条件的影响，黄芪根腐病一般在5月底开始发病，到多雨水的7～8月最为严重。黄芪在土质优良、土层深厚、微量元素含量较高的土壤中长势较好，不容易发病，而在沙壤地和含有黏土、盐碱土的地块中种植容易烂根，发病率较高；排水良好的地块发病率较低，低洼、容易积水的地块发病率较高；新开垦的荒地发病率低，重茬和迎茬地块发病率较高；精心整地发病率低，粗糙整地发病率高；没有杂草的地块发病率低，杂草严重的地块发病率高；多施用农家肥的发病率低，多施用化肥的发病率高；种苗壮实的发病率低，种苗细小的发病率高；青苗生长期发病率低，开花和结果期发病率高；种植年限越长发病率也越高；种植密度越大发病率越高；高温灌溉时发病率较高；干旱时发病率低，多雨水时发病率高。

四、防治方法

黄芪根腐病出现时应根据实际情况采取农业防治、化学防治等不同措施，也可对复杂气候环境下的根腐病进行综合防治，从而减轻黄芪根腐病的为害。

1. 农业防治

（1）选地。黄芪种植比较适宜的地块条件为地势较高、土质较好、土层较厚、排水畅通和渗水良好，而低洼、积水的地块不宜种植黄芪。

（2）实行轮作。黄芪轮作时最好选择新开垦的地块，或者选择前茬为玉米、马铃薯和蔬菜等作物的地块；避免前茬种植胡麻、豆类和甜菜等作物的地块；不能重茬种植；地块有限时必须实施轮作，轮作期为3～4年为宜，轮作必须要有计划。

（3）精细整地。待前茬作物收获后及时深耕土地，有条件的可以实施秋灌或者冬灌，以便保墒。一般在开春解冻后对土地进行精细整地。要求墒足，土壤疏松，施用农家肥，保证黄芪在生长时需要的养分，以起垄种植为宜。

（4）培育健壮种苗。选用籽粒饱满、没有病害、完好无缺的种子作为育苗对象，尽量使用上年采收的种子，以便提高出苗率。播种前进行人工选种，移植时使用良好的种苗，出苗后加强管理，以防田鼠等动物的损害，并且清除杂草，即时补栽缺苗的地块，合理密植。

（5）灌水及排水。黄芪是耐旱、耐寒作物，但是过于干旱会导致该作物减产，如果有条件要及时灌溉。灌溉的水量不宜过大，水流速度不宜过快；在高温和强光天气不宜灌溉，可选择夜晚、早晨、阴天灌溉，降雨后地块中形成的积水应及时排出。

（6）除草及施肥。黄芪地块由于养分充足很容易生长杂草，因此要及时清除各类杂草，保持地块清洁。在黄芪植株叶面上喷洒生长所需的钾、锌、铜、钼肥，可增强黄芪叶片的光合作用，促进茎叶的生长，提高植株的抗病能力。

（7）拔除病株。在黄芪生长管理期间，发现发生病害的植株要及时拔除并销毁，同时在原病株生长的地点和周围灌入阿维菌素乳油 4 000 倍液，以防止病菌在土壤中扩散。

2. 化学防治

（1）土壤处理。土壤中若存在病虫害，可使用杀虫剂进行处理，可使用的杀虫剂有 10%噻唑膦缓释颗粒剂，或 5%阿维·毒死蜱颗粒剂，或 10%吡虫啉缓释颗粒剂，或 5%苦参碱颗粒剂。可用的杀菌剂有烯酰吗啉、哈茨木霉菌、噁霉灵、醚菌·啶酰胺。将杀虫剂、杀菌剂与适量的水对匀喷洒到地表上。

（2）种子处理。黄芪种子在播种的前 1 天，去掉种子的外壳，再用葡聚烯糖，或烯酰吗啉，或哈茨木霉菌等杀菌剂，或吡虫啉杀虫剂拌种，从种子上预防病虫害。

（3）种苗处理。黄芪苗移栽时要对苗进行浸泡处理。移栽前用哈茨木霉菌，或多粘类芽孢杆菌，或申嗪霉素，或阿维·毒死蜱，或茚虫威等杀虫剂和杀菌剂 600～2 000 倍液浸泡30 min左右，再捞出晾晒 4 h，能有效地预防黄芪根腐病。

（4）灌根处理。黄芪根腐病发病时间主要集中在 7～8 月，发病时可使用哈茨木霉菌 300 倍液，或多粘芽孢杆菌 300 倍液，或 20%申嗪霉素 500 倍液与吡虫啉杀虫剂混合，适量对水搅匀，进行根灌，也可使用 70%嘧菌·丙森锌可湿性粉剂按比例对水喷洒在叶面，根据病情严重程度可连续喷洒 2～3 次，从而达到根除或减轻黄芪根腐病的目的。

3. 适时采挖

10 月下旬到 11 月中旬是黄芪成熟期，这个时期天气逐渐寒冷，要组织人力或者使用机械及时进行采挖。采挖时尽可能地除去粘带的泥土，之后进行晾晒，再根据粗细分拣，然后扎捆存放，也可再细加工，除去细尾和侧枝，对粗壮的根进行切片，然后出售。

第二节　黄芪根结线虫病

黄芪根结线虫病在各产区均有发生，为害根系，影响黄芪的产量和质量。在每年的 6～9 月发生为害，常年损失率 10%，严重年份损失率 45%。

一、症状

根结线虫病主要为害根部，线虫侵入后植株细胞受刺激加速分裂，主根和侧根变形成为形状和大小不一的瘤状物，小的仅 1～2 mm，大的可以使整个根系成为一个根瘤。瘤状物开始表面光滑，后来变得粗糙易开裂。植株感病后造成枝叶枯黄，发生根腐，轻则影响品质，重则会造成严重减产。

二、病原

该病病原为南方根结线虫。

三、发病规律

主要由于土壤中遗留虫瘿及带有幼虫和卵而发病。带有虫瘿的土壤、杂肥、流水、农具均可传播病原，透气性好的沙性土壤对线虫生长发育有利，所以发病严重。

四、防治方法

1. 加强田间管理

一般与禾本科作物轮种 3～5 年或以上，切忌与感病的药材或其他作物轮作，或实行水旱轮作。

2. 种根挑选

选用健康无病原的种根作种栽培。

3. 选地

选择地势高、干燥、排水良好的地块育苗或种植。

4. 中耕除草

整地时每 667 m^2 用生石灰 300 kg 均匀撒于土壤表面，再深犁 20 cm 左右，耙细，做成宽 1.5 m 的厢面播种。

第三节　黄芪立枯病

黄芪立枯病是幼苗常见的病害之一，各产区均有发生。育苗期间阴雨天气多、光照少的年份发病严重，发病严重时常造成秧苗成片死亡。

一、症状

黄芪立枯病主要发生在茎基部，开始时病斑条形或不规则形，黄褐色；后期病斑扩大并相互合并，呈褐色，茎基部缢缩变细，田间湿度大时在褐色病斑上产生灰白色霉层，黄芪叶片变黄、干枯，后期整株死亡（图 13－5）。

二、病原

该病病原为立枯丝核菌（图 13－6）。

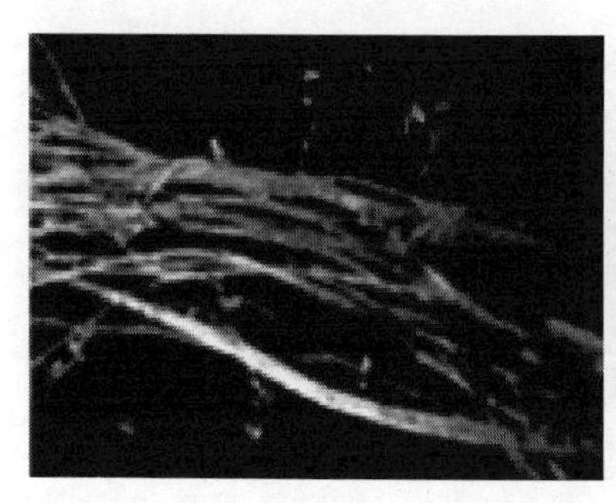

图 13－5　黄芪立枯病症状

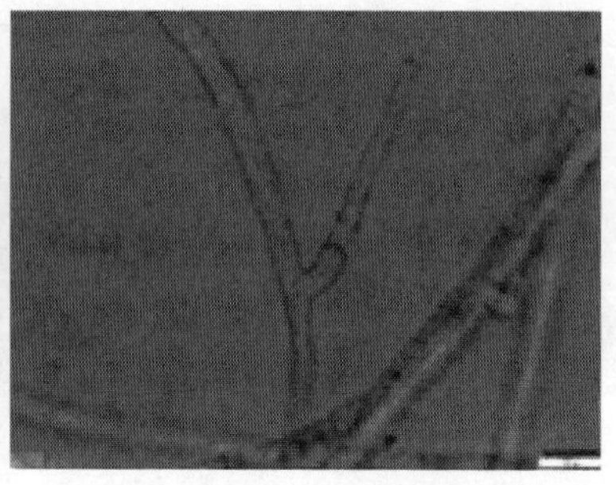

图 13－6　立枯丝核菌

三、发病规律

立枯丝核菌能以菌丝体直接侵入寄主幼茎及根部，以菌丝体或菌核在土壤或病残体上越冬，可在土壤中存活2～3年。通过雨水、喷淋、带菌有机肥及农具等传播。病菌适宜温度19～42 ℃，最适温度24 ℃。适宜pH 3～9.5，最适pH 6.8。地势低洼、排水不良、土壤黏重、种植过密的地块发病重，阴湿多雨有利于病菌入侵。前茬蔬菜地发病重。苗期床温高、土壤水分多、施未腐熟肥料、播种过密、间苗不及时、重茬等因素均易诱发该病。

四、防治方法

1. 育苗场地的选择

选择地势高、排水良好、水源方便、避风向阳的地方育苗。

2. 加强苗床管理

选用肥沃、疏松、无病的新床土，若用旧床土必须进行土壤处理。肥料要腐熟并施匀。播种均匀而不过密，盖土不宜太厚。根据土壤湿度和天气情况适时灌溉。需洒水时，每次不宜过多，且在上午进行。床土湿度大时，撒干细土降湿。做好苗床保温工作的同时多透光，适量通风换气。一般用70%甲基硫菌灵可湿性粉剂800倍液、25%百菌清可湿性粉剂600倍液或70%代森锰锌可湿性粉剂400倍液进行床土消毒，每隔7 d 1次，连续消毒2～3次；或每667 m^2用30%百菌清烟剂0.25 kg、5%百菌清粉尘剂1 kg熏烟或喷粉。也可高温消毒苗床土，如埋设电热线，将苗床升温至55 ℃维持2 h，或密闭保护，并人工或太阳光加温到 50 ℃，3 d 以上再通风。

3. 化学防治

病害始见时，拔除病苗后喷洒 65%百菌清可湿性粉剂 600 倍液，60%代森锰锌可湿性粉剂 500 倍液，62.2%霜霉威水剂 600 倍液，15%噁霉灵水剂 450 倍液，20%甲基立枯磷乳油1 200倍液或 5%井冈霉素水剂 1 500 倍液，或直接用药液浇灌，每 7～10 d 1 次，连续施药 2～3 次，最好在上午施药。

第四节　黄芪紫纹羽病

黄芪紫纹羽病是黄芪栽培中较常见的根部病害，造成根腐，严重影响黄芪的产量和质量。该病菌也可侵染党参等药用植物。

一、症状

罹病黄芪由地下部须根首先发生病害，以后菌丝体不断扩大蔓延至侧根及主根，病根由外向内腐烂，流出褐色、无臭味的浆液。皮层腐烂后，易与木质部剥离。皮层表面有明显的紫色菌丝体或紫色的线状菌索。后期，在皮层上生成突起的深紫色不规则的菌核。有时，在病根附近的浅土中见紫色菌丝块。菌丝体常自根部蔓延到地面上，形成包围茎基的一层紫色线状皮壳，即病菌菌膜。

二、病原

该病病原为桑卷担菌（图 13－7）

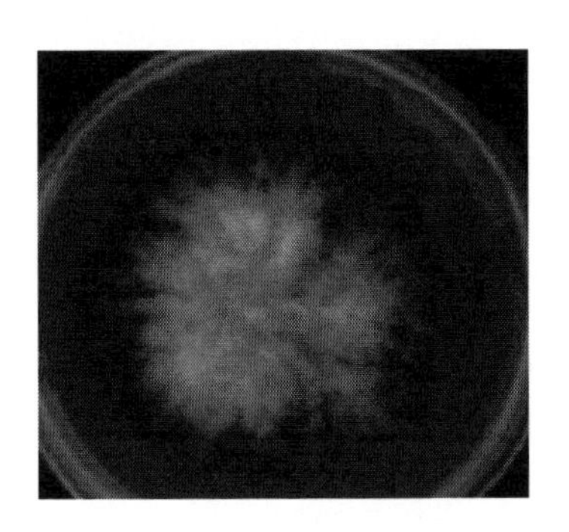

图 13－7　黄芪紫纹羽病病原

三、发病规律

病菌以菌索或菌核在病根及土壤中越冬，可存活 3～4 年。病菌随种苗调运进行远距离传播。翌年在适宜的温度、湿度条件下，菌核萌发侵入黄芪，引起发病。一般在 6 月下旬开始发病，7～9 月受害最重。土壤黏重，重茬地，容易发病。

四、防治方法

1. 清除病残体

清除病残组织，集中烧毁或沤肥。

2. 实行轮作

与禾本科作物轮作3～4年。

3. 拔除病株

发现病株，及时连根带土移出田间，防止菌核、菌索散落土中。

4. 施基肥

每667 m^2 施石灰氮20～25 kg作基肥，经两周后再播种。

第十四章 金银花土传病害

图 14-1 金银花

金银花（*Lonicera japonica*），又名忍冬，属金银花科金银花属植物（图 14-1）。金银花被中医誉为清热解毒的良药，其茎、叶、花等都可入药，具有消炎、杀菌、解毒、止痒之功效，有“中药抗生素”之称。

金银花常见病害有根腐病、立枯病、白粉病、褐斑病、炭疽病、白绢病等，其中根腐病、立枯病和白绢病为土传病害。

第一节 金银花根腐病

金银花根腐病在 5 年以下树龄的地块，发病率一般在 10%～15%，5～10 年树龄的地块发病率在 15%～25%，10 年以上树龄的地块发病率多在 30%以上，甚至达 50%以上，南方地区更加严重。对金银花的产量和品质影响极大，严重制约金银花的生产和进一步发展。

一、症状

该病害在田间多表现为整株发病（图 14－2），一般随种植年限的增加呈加重趋势。轻病株全株叶片整体绿色变浅，叶色发黄，茎基部表皮呈浅褐色，剖视检查维管束基本不变色；随着病情加重，整株颜色变黄愈加明显，中上部叶片受害更重，有的叶缘变褐枯死，茎基部表皮呈黑褐色，内部维管束轻微变色，典型病株花蕾少而小，常减收 20％～30％；重病株主干及老枝条上叶片大部分变黄脱落，新抽出的嫩枝条变细、节间缩短，叶片小且皱缩，甚至全株枯死，茎基部表皮粗糙，黑褐色腐烂，维管束褐色（图 14－3）。

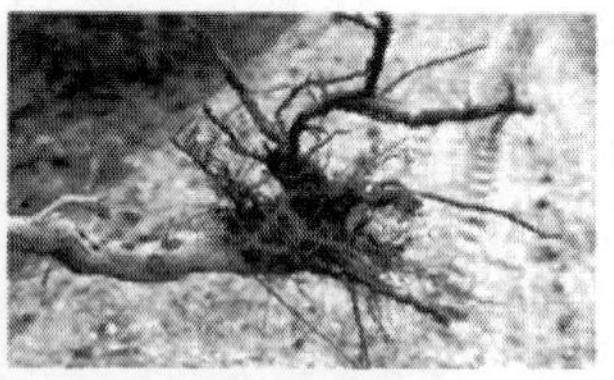

图 14－2　感病金银花植株及根部特征

图 14－3　感病金银花维管束特征

二、病原

该病病原为尖孢镰刀菌（图 14－4）。

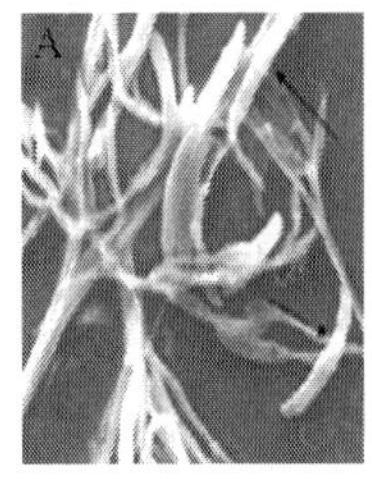

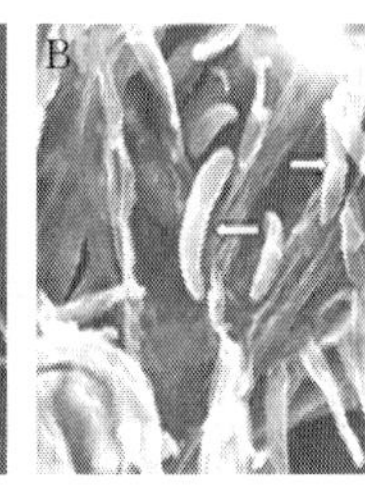

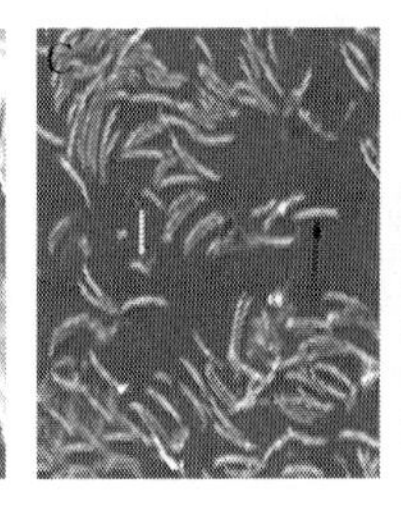

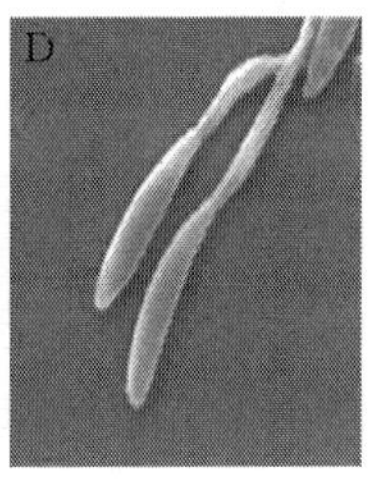

图 14－4　扫描电镜下病菌的大型和小型分生孢子

A、B. 大型分生孢子　C、D. 小型分生孢子

三、发病规律

病菌为害根部造成根腐，根中下部出现黄褐色锈斑，扒开土表层，可见根颈处表皮具黄褐色斑，以后逐渐干枯腐烂，致使植株枯死。多发生在高温多雨季节的低洼积水地块，特别是南方地区更易发病。

四、防治方法

1. 降低园区地下水位

特别是南方地区，雨水较充足，如果排水不畅更容易造成金银花根腐病的发生。畅通田间排水沟，促进雨水快速流走；加深加宽边沟，降低地下水位。

2. 加强园区土壤改良

种植基地最好选择向阳山坡地。同时对种植穴土进行高温腐熟，减少病菌数量。对老金银花园，有条件的进行水旱轮作。

3. 培育无菌壮苗

有条件的进行无菌苗繁育，培育壮苗移栽。加强检疫，杜绝从病区引进苗木，防止种苗带菌造成园区感染。

4. 减少苗木创伤

苗木运输、栽培、修剪等园艺措施容易造成苗木创伤，造成病菌感染。特别是南方雨水繁多，尽可能不在3～9月修剪。

5. 少量病株处理

田间如果发现少量感染病株，及时拔除并烧毁，并对病株土壤适当施药剂处理。

6. 化学防治

金银花是药食两用作物，用药应严谨。药剂可选用95%噁霉灵可湿性粉剂1 500倍液灌根，也可用甲基硫菌灵或百菌清可湿性粉剂700倍液灌根。每蔸树灌药水2 kg左右，隔5 d灌1次，连灌3次。根腐病是金银花的毁灭性病害，如果已出现叶片失水、萎缩等症状，表明防治已晚，当务之急是要保持土壤干爽，防止根腐病病菌随水流传播。

第二节 金银花立枯病

一、症状

金银花立枯病主要为害金银花幼苗的茎基部，在靠近地面的茎基部形成椭圆形或不规则的暗褐色病斑，略凹陷，水渍状。病斑逐渐向茎基部周围扩展，形成绕茎病斑，病部缢缩，最后叶片萎蔫枯死。潮湿时，拔出病苗可见浅褐色的蛛丝网状霉。当病斑绕茎一圈后，幼苗逐渐枯死，但枯死的幼苗不会倒伏（图 14－5）。

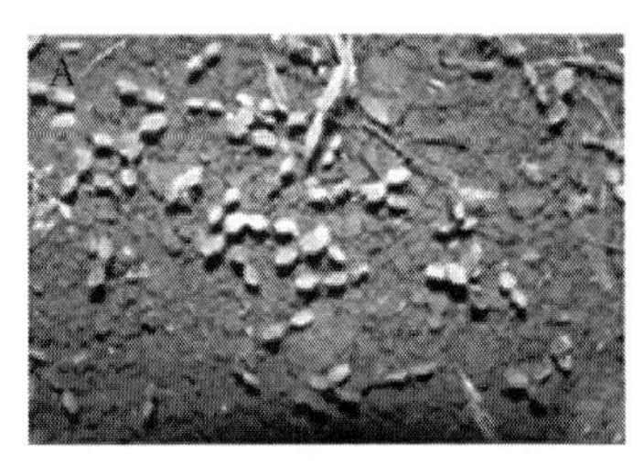

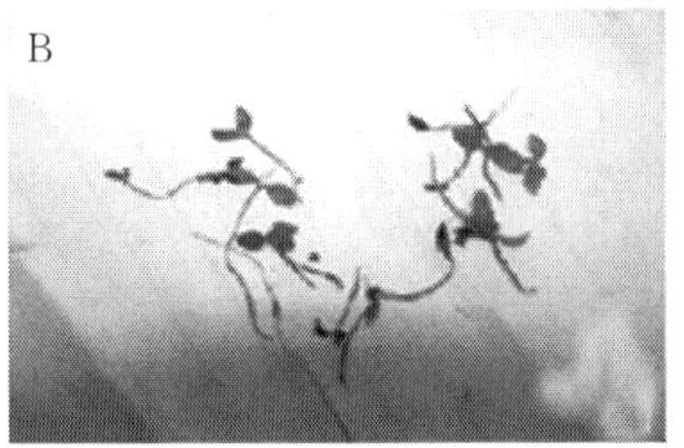

图 14－5 金银花立枯病田间感病症状

A. 整体感病症状 B. 茎部症状

二、病原

金银花立枯病病原为立枯丝核菌（图 14－6、图 14－7）。

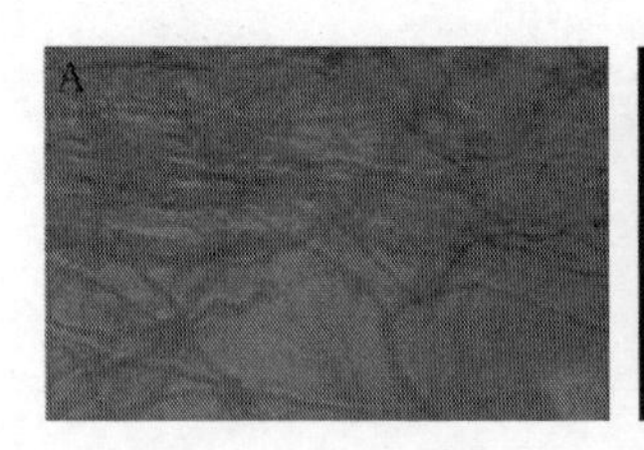
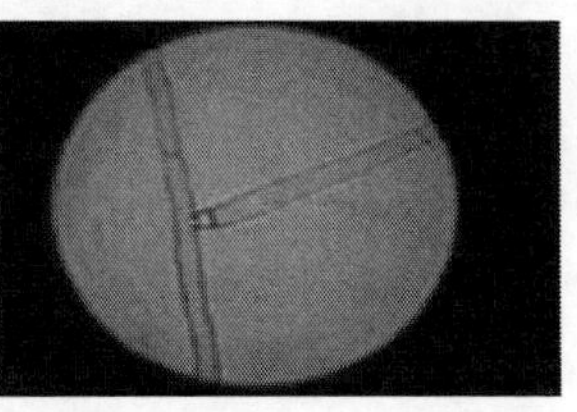

图 14-6　金银花立枯病病菌菌丝

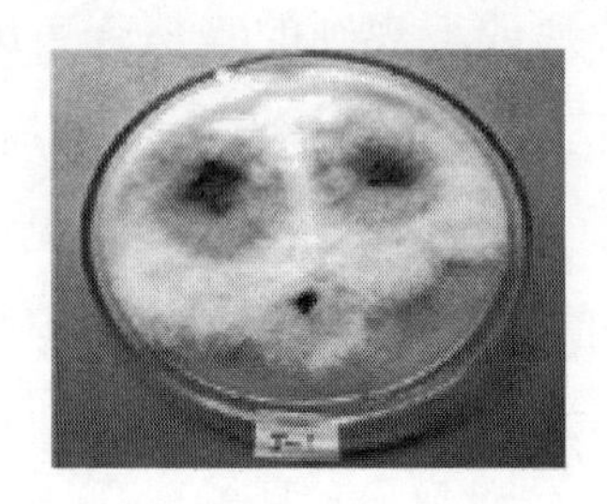

图 14-7　金银花立枯病病菌菌核

三、发病规律

温度、湿度对金银花立枯病的影响：气候条件是金银花苗期发生立枯病的主要影响因素，如播种后温度低，导致出苗慢，从而增加了病菌侵染的机会。病菌发病的温度范围较广，土温 10 ℃左右时，病菌开始侵染植株。雨水多、土壤湿度大时，病菌易于繁殖、传播和侵染，则病害易发生。贵州安龙年平均气温在 10 ℃以上，适合金银花立枯病的发生。

耕作栽培条件对金银花立枯病发生的影响：立枯病为土传

病害，耕作栽培条件对金银花立枯病发生及扩展的影响较大。连作地使病菌在土壤中不断积累，发病严重。播种过早、过深，出苗慢，植株长势弱，抗病力差，也有利于病害的发生。田间地势低洼，易积水，土壤的湿度大，病害易发生。长势弱的植株，偏施氮肥，植株抗病力弱，发病重。氮、磷、钾肥混合施用，可增强植株抗病力，减少病害的发生。

立枯丝核菌在土壤或有机肥中可存活 2～3 年，并以菌丝体或菌核在土壤中越冬，成为翌年发病的初侵染源。播种带菌种子和施用带菌的堆肥、粪肥是病害加重的主要原因。同时此病还可通过农具和耕作活动进行传播蔓延。种子、土壤和肥料是直接传播者，病菌从植株伤口或表皮侵入幼茎、根部引起发病。

四、防治方法

1. 合理轮作

立枯丝核菌腐生于土壤中。连作地土壤中的病菌不断积累，增加了病菌侵染的机会。因此，避免连作，合理轮作，可减轻病害的发生。前茬以禾本科作物为宜，忌用蔬菜地做前茬，这样可有效防治金银花立枯病。

2. 适期播种

适时播种能有效防治金银花立枯病的发生。如果播种过早，又遇低温天气，则发病重。播种时深浅适宜，保证出苗快、苗齐和苗壮，可减少病菌的侵染为害。

3. 加强田间管理

适当稀播，有利于通风透气、降温排湿，防止幼苗徒长。发现病害时应立即拔除病苗，并施药防止病害蔓延。氮、磷、钾肥混合施用，可提植株高抗病力。

4. 化学防治

金银花立枯病应以预防为主，种子在播种前用50%多菌灵1 000倍液浸泡5 h；发病前或发病初期用50%多菌灵、70%甲基硫菌灵和80%炭疽福美可湿性粉剂进行喷雾防治，每7 d喷1次，连喷2～3次，可减轻该病的发生。

第十五章

桔梗土传病害

桔梗（*Platycodon grandiflorus*），别名包袱花、铃铛花、僧帽花，是桔梗科桔梗属的多年生草本植物。茎高20～120 cm，通常无毛，偶密被短毛，不分枝，极少上部分枝。叶全部轮生，部分轮生至全部互生，无柄或有极短的柄，叶片卵形，卵状椭圆形至披针形。花暗蓝色或暗紫白色，可作观赏花卉（图15-1）；其根可入药，有止咳祛痰、宣肺、排脓等作用，是中医常用药。在中国东北地区常被腌制为咸菜，在朝鲜半岛被用来制作泡菜，当地民谣《桔梗谣》中所描写的就是这种植物。

图15-1　桔梗花

大片种植桔梗，管理粗放，病害发生严重，直接影响了桔梗的生长发育，还影响了桔梗入药的品质和质量。桔梗常见病害有根腐病、根结线虫病、紫纹羽病、白粉病、炭疽病、轮纹病和斑枯病等，其中根腐病、根结线虫病、紫纹羽病属土传病害。

第一节　桔梗根腐病

桔梗根腐病发病比较频繁，是由镰刀菌引起的根部病害。桔梗根腐病是一种土传病害，土壤湿度大或作物连作易发病，较难防治。

一、症状

主要为害根部，发病初期在近地面的根头部位出现褐色坏死，逐渐向下蔓延，15～20 d 即可引起全根坏死，后因腐生菌侵入，导致坏死组织软腐分解，仅残留外表皮。同时地上部茎叶逐渐变黄。此时，茎内导管并不变色，当整个肉质根变褐坏死，地上部茎叶也萎蔫死亡（图 15-2）。

图 15-2　桔梗根腐病症状

二、病原

桔梗根腐病的病原为尖孢镰刀菌。

三、发病规律

一般发病期在 6～8 月，主要为害桔梗根部，初期根局部呈黄褐色腐烂，以后逐渐扩大，导致叶片和枝条变黄枯死。湿度大时，根部和茎部产生大量粉红色霉层即病菌的分生孢子，最后严重发病时，全株枯萎。

1. 播种方法

直播的桔梗根部伤口少，发病很轻；移栽的桔梗根部伤口多，发病重。

2. 种植制度

桔梗田连作发病重，连作年限越长，发病越重；轮作倒茬发病轻，间隔的年限越长，发病越轻。

3. 土壤环境

地势低洼、土质黏重、易积水的地块发病重；地势高燥、土质松软、排水良好的地块发病轻。

4. 肥力条件

增施有机肥，氮、磷、钾复配施肥，发病轻；不施或少施有机肥，偏施氮肥，发病重。

5. 生长时期

植株显蕾以前，基本不发病，显蕾以后，开始出现病株，盛花期进入发病高峰。由此可见，植株生育期及栽培管理措施对根腐病的影响很大。

四、防治方法

1. 农业防治

（1）轮作换茬。桔梗的生长周期为2～3年，建议种植桔梗的地块，要在桔梗收获后与小麦或夏黄豆、玉米轮作一次，可降低土壤带菌量，减轻发病程度。

（2）加强田间管理。清除田间枯死植株以及病残体，并带出田进行焚烧处理。

（3）施足基肥。施用腐熟后的有机肥，做到土杂肥与氮、磷、钾生物微肥合理配比。

（4）合理灌水。以喷灌为主，有条件的地方可进行滴灌，效果最好，暴雨后及时排水，禁止地表积水。

（5）冬耕冻土。收获后的桔梗田要冬耕冻土，从而达到冻死病苗，减少越冬病菌的目的。

2. 化学防治

因根茎易遭受地下害虫为害而形成伤口，为病菌侵入创下有利条件，因此对地下害虫要加强防治，减少根腐病的发病率，每667 m^2 可用5%毒死蜱颗粒剂4～5 kg防治害虫。其他防治方法如下。

（1）种子消毒。用50%多菌灵可湿性粉剂按3∶100的比例对水，均匀拌种，闷5 h后晾干播种。

（2）土壤处理。播种前用70%五氯硝基苯粉剂1.5～2.5 kg拌土，均匀施入土中。

（3）在病害发生的初期用噁霉灵 3 000 倍液防效达 95%，用多菌灵 600 倍液喷施或灌根，或移栽时沟施木霉菌 T25，发病初期浇灌 50%福美双可湿性粉剂 500 倍液，隔 15 d 再浇灌一次，显蕾初期喷施 15%多效唑 3 000 倍液等，防治效果都很好。

第二节　桔梗根结线虫病

近年来，桔梗根结线虫病发生严重，常年为害面积占种植面积的 40%以上，为害程度呈上升趋势，为害轻的减产 20%左右，重的减产 50%～70%。桔梗受害后完全失去商品价值，药农损失巨大。桔梗根结线虫病为土传病害，防治十分困难，必须采取综合防治措施，才能收到较好的效果。

一、症状

桔梗感染根结线虫后，初期植株地上部分症状表现不明显；发生严重时，地上部表现为生长不良、矮小、黄化、萎蔫，似缺肥水或枯萎病症状，干旱或蒸发旺盛时，中午植株萎蔫。重病株拔起后会发现根茎或须根上长出瘤状根结，一般呈球状，绿豆或大豆粒大小，剖开根结在显微镜下可见很多细小的乳白色线虫藏于其内，在根结之上可长出细弱的新根，再度感染形成根结肿瘤。

二、病原

桔梗根结线虫病病原为根结线虫属线形动物门根结线虫。雌雄异型。雌成虫头尖腹圆，呈鸭梨形，内藏大量虫卵或幼虫，不形成坚硬孢囊。生殖孔位于虫体末端。雄成虫细长，呈蠕虫状，尾稍圆，无色透明。卵长椭圆形，少数为肾形。幼虫无色透明，形如雄虫，但比雄虫体形要小得多。幼虫经过第四次蜕皮，发育成雌、雄形态各异的成虫。雌虫膨大为长鸭梨形，雄虫变为细长形蠕虫状。雌虫经交配或不经交配产卵，1头雌虫一生可产卵300～600粒。

三、发病规律

桔梗根结线虫以卵、幼虫在土壤、寄主、病残体上越冬，多在土壤5～30 cm深处生存。生存最适温度25～30 ℃，温度高于40 ℃或低于5 ℃时都很少活动，在干燥或过湿的土壤中活动受抑制。

翌年春季条件合适时，越冬卵在卵壳内发育成一龄幼虫，蜕皮后破卵壳而出成为二龄幼虫，然后侵入桔梗幼根寄生。在取食的同时分泌毒素，刺激寄主细胞过度分裂，形成大小不等的瘤状结构。卵孵化出的幼虫迁移到邻近的寄主根上，又引起新的侵染。在桔梗整个生育期间可发生多次重复侵染。室内观察在土温25～30 ℃下完成1代只需要17 d左右。田间调查发现该线虫在发育完成 1 个世代一般要 18～25 d，1 年可发生 4～5 代。线虫自身迁移传播的能力有限，主要借助雨水、灌溉水、农具、人畜活动、病苗的移栽和带有线虫繁殖体的土杂肥等传播。

四、防治方法

1. 农业防治

（1）建立无病留种基地，培育无病苗。选择 3 年以上未种过桔梗的地块作为留种基地，繁育无病种子。用无病种子在无病田育苗。育苗过程中施用无病肥料，浇清洁水，确保种苗无线虫病。

（2）轮作倒茬。发生桔梗根结线虫病的地块要与禾本科作物玉米、小麦等实行 3～4 年轮作倒茬。调查显示，轮作 2 年的地块发病率为 12%，轮作 3 年的为 4.5%，轮作 4 年的为 0.7%，因此，轮作倒茬是理想的农业防治措施。

（3）粪肥处理。不用病残体、病田的土壤垫圈和积肥。施入育苗地和大田的粪肥应经过高温发酵等充分腐熟，保证粪肥不带线虫。

（4）及时清除病残体。在栽培管理的全过程中，抓住育苗、移栽、生长、收获以及贮藏等各个关键环节，及时彻底清除带病残体，包括病苗、病根、杂草等，并及时收集起来，集中烧毁。此外，对所使用的农机具也要及时进行清洗消毒。

（5）深翻土壤，减少病源。因桔梗根结线虫多集中分布在

15～25 cm 土层中，通过深翻土壤 25 cm 以上，可以把线虫多的表层翻到深层，减少病源。

2. 物理防治

夏季田块深翻、灌大水后，盖上地膜，阳光照射 20 d 左右，利用高温（50 ℃）、高湿（湿度 90%～100%）防治效果可达 90%以上。

3. 化学防治

（1）土壤药剂处理。在桔梗播种或移栽前 15 d，每公顷用 0.2%高渗阿维菌素可湿性粉剂 60～75 kg，或 10%噻唑膦颗粒剂 30 kg，加细土 750 kg 混匀撒于地表，然后深翻 25 cm，均可达到控制线虫为害的效果。

（2）药剂灌根。发病初期可用 1.8%阿维菌素乳油 1 000～1 200 倍液，或 50%辛硫磷乳油 1 000～1 500 倍液灌根，每株灌药液 250～500 mL，每 7～10 d 灌 1 次，共灌 2～3 次。药液灌根成本高，不宜作为唯一的防治措施。在使用化学药剂防治时，可推广应用“土壤药剂处理＋药液灌根”的防治技术，其防治效果更佳。

第十六章 芦荟土传病害

芦荟（*Aloe vera*）原产于非洲热带干旱地区，分布几乎遍及世界各地（图16-1）。芦荟的野生品种至少有300种以上，其中非洲大陆就有250种左右，马达加斯加约有40种，其余10种分布在阿拉伯国家等。我国芦荟产业从20世纪80年代末开始起步，近年来，全国除西藏外其余各地均有栽培，尤以海南、云南、福建和广东等地较为集中。芦荟具有杀菌、抗炎、湿润美容、健胃下泄、强心活血、抗衰老、镇痛、镇静等作用。

图16-1 芦 荟

在芦荟生长发育过程中，一些病害会直接影响其正常生长，从而影响到芦荟产量及质量。芦荟常见病害主要有根腐病、疫病、炭疽病、褐斑病、叶枯病、白绢病等。其中根腐病、疫病和白绢病为土传病害。

第一节　芦荟根腐病

随着芦荟的大规模种植，其根腐病的发生也日渐严重，威胁到芦荟种植业的发展。据统计，2004 年，芦荟根腐病在云南省的发病率为 42.54 %，死亡率为 26.36 %。

一、症状

根腐病主要为害芦荟茎基部和根部。根腐病发生时，主根出现黑褐色和黄褐色病斑，严重时腐烂或坏死，容易拔出；病害由下至上发展，肉质茎基部叶的边缘开始变为红褐色，并逐渐脱落，严重时可导致植株萎蔫死亡（图 16－2）。

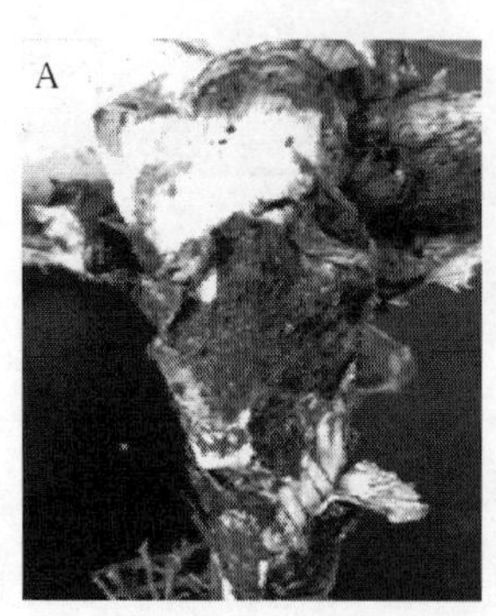

图 16－2　芦荟根腐病症状

A. 黑褐色病斑　B. 植株萎蔫死亡

二、病原

该病病原为尖孢镰刀菌。

三、发病规律

病菌以卵孢子在病残组织和土壤内越冬。菌丝生长适温 32 ℃，最低和最高温度分别为 4 ℃和 36 ℃。寄主范围广，能侵染芦荟、郁金香、兰花、仙客来和黄瓜等 150 种植物，用旧地作床或用旧盆土，易发病。

四、防治方法

1. 土壤消毒

苗床土壤消毒。

2. 保持田间卫生

注意田间卫生，及时收集病残株并烧毁。

3. 幼苗处理

幼苗温汤处理（43.5 ℃恒温热水处理 20～30 min）后定植于净土中。处理时间长短视植株大小而定。此法可用来处理种子，用 43.5 ℃浸种 40 min 即可。温汤处理后的种子或幼苗应随即浸或喷洁净冷水，然后沥干播植。

第二节　芦荟疫病

芦荟疫病是芦荟苗期的一种重要病害，在芦荟苗圃或温室中常发生。发病严重时整个苗圃或温室的芦荟苗发病，甚至成片软腐死亡。可为害芦荟的根、茎、叶、花等部位，以叶受害最重。

一、症状

该病多发生于苗期叶片上。病斑初呈水渍状、暗绿色，后扩展至叶基部，病叶渐渐下垂腐烂。茎部感病表现为水渍状褐色软腐；根部感病，病根水渍状褐色腐烂，新根少，植株长势明显减弱。

二、病原

该病病原为烟草疫霉。其形态特征是菌落在 V-8 汁平板上棉絮状，气生菌丝丰富；或是星状至莲座状，气生菌丝稀少。菌丝丛生或簇生。孢子囊梗简单合轴分枝或不规则分枝，孢子囊不从孢子囊梗上脱落。孢子囊形状为典型的倒梨形或卵球形，少数不规则形，基部钝圆，乳突明显，少数具双乳突，孢子囊大小（27.5～80）μm×（20～55）μm（平均 49.95 μm×37.32 μm），长∶宽为（1～2.75）∶1（平均 1.34∶1）。厚垣孢子球形或近球形，直径 12.5～56.25 μm（平均 25.29 μm）。菌丝肿胀体近球形，直径 18.75～28.75 μm（平均 26.64 μm），异宗配合，存在 A_1、A_2 和 A_1A_2 3 种交配型。藏卵器球形，个别基部漏斗状，黄褐色，直径 18.75～35 μm（平均 26.39 μm），卵孢子满器，雄器围生，大小（6.25～22.5）μm×（6.25～22.5）μm（平均 12.95 μm×12.88 μm）。

三、发病规律

芦荟疫病在苗圃或温室中较常见，阴湿多雨、氮肥偏多及灌水过多的田块易发病。

四、防治方法

1. 植物检疫

植物检疫是防治芦荟病害的第一道防线。对引入的种苗要加强检查，对问题种苗要严格实行禁运、销毁和消毒处理等措施。如发现毁灭性病害的疫区，则应果断进行封锁，严格禁止从疫区调运种苗。从国外引进的芦荟种应在指定的机构执行检验检疫，为了保证在引种时不引进任何芦荟病害，引种材料应在具有隔离条件的温室或试验场地进行试种。

2. 农艺措施防治

选用抗病品种，一般皂质芦荟最为抗病，其次是库拉索芦荟。建立种苗基地，提供优质无病的种苗；保持芦荟群体植株通风透气性良好，及时排除田间积水，控制土壤湿度，消除低温高湿和高温、高湿对芦荟生长的为害；及时根除杂草，促进芦荟健壮生长，以达到良好的防病效果；及时清除病株病叶，对于植株下部老叶也应及时去除，以压缩再侵染的病原物数量；做好肥水管理，增强芦荟的抗病能力。

3. 物理防治

用电热熏蒸器将杀菌剂蒸发到空气中，从固态或液态药剂分离出来的有效成分很快在空气中传播分布均匀，起到防治病害的效果。该方法具有成本低、操作简单、作用效果长、无污染、灭菌效果好等特点，适用于温室、大棚芦荟。

4. 化学防治

用化学药剂来消灭病原体，是直接防治的方法。目前常用的预防性药剂有70%代森锌可湿性粉剂、16.7%乙烯菌核利可湿性粉剂+50%百菌清可湿性粉剂混合、咪鲜胺等，可在发病前每隔1周左右喷1次，连续喷3～5次后可达到明显的预防效果，上述药剂对早期的炭疽病和褐斑病也有治疗作用。

第十七章 罗汉果土传病害

罗汉果（*Siraitia grosvenorii*）属葫芦科多年生藤本植物（图 17－1），别名拉汗果、假苦瓜、金不换、罗汉表、裸龟巴，被人们誉为“神仙果”。其叶心形，雌雄异株，夏季开花，秋天结果。罗汉果在我国已经有 300 多年的历史，其主要功效是止咳化痰。果实营养价值很高，含丰富的维生素 C（每 100 g鲜果中含 400～500 mg）以及糖苷、果糖、葡萄糖、蛋白质、脂类等。果实药用，性凉味甘，具有抗菌消炎、润肺止咳等功效，常饮罗汉果茶，可防多种疾病。现代医学证明，罗汉果对支气管炎、高血压等疾病有显著疗效，还能起到防治冠心病、血管硬化、肥胖症的作用。

图 17－1 罗汉果

罗汉果在生长过程中，一些病害的滋生蔓延严重影响罗汉果的生长，造成减产。常见的病害有根腐病、根结线虫病、炭疽病、病毒病、芽枯病等。其中根腐病和根结线虫病为土传病害。

第一节　罗汉果根腐病

一、症状

该病主要为害根和茎基部，很少为害茎蔓，雨季来临即可发病。拔病株时，如发现病株容易拔起且须根（较少且呈淡黄褐色）完全腐烂，主根变黑褐色亦逐渐腐烂，用手挤压根部皮易剥落，茎基部有时可见粉红色霉层及胶液（此为病菌的菌丝体和分生孢子团），而且植株生长差，比较矮小，底叶变黄枯落，最后叶片萎蔫，整株植株枯死的，可诊断为植株感染了根腐病。

二、病原

罗汉果根腐病病原为茄病镰刀菌。近年来，由齐整小核菌侵染罗汉果根部引起根腐病，严重地为害罗汉果的生产。

三、发病规律

罗汉果根腐病可通过雨水、灌溉水和土壤耕作传播，病菌接触生理状况不良的根部便进行初侵染发病。

四、防治方法

1. 发病初期

用70%噁霉灵可湿性粉剂对水喷施根部，治疗效果好，也可用70%甲基硫菌灵可湿性粉剂600倍液，或50%多菌灵可湿性粉剂500倍液，或40%多·硫干悬浮剂600倍液，或77%氢氧化铜可湿性粉剂500倍液灌根、喷雾。

2. 发病后期

用50%异菌脲可湿性粉剂1 000倍液加70%代森锰锌可湿性粉剂1 000倍液，或用根腐灵600倍液淋施根部（也可用络氨铜或氢氧化铜代替）灌根也能取得较好的治疗效果。另三唑醇、多抗霉素也有防治效果。

第二节 罗汉果根结线虫病

在栽培中发现根结线虫病的为害日趋严重，造成生长势下降，结果量锐减。一旦被其为害，首先是影响根系吸收养分，致使植株生长衰退，果实减产，一般减产20%～30%，严重的可减产50%以上。病害继续发展，块茎腐烂，造成全部失收，损失严重。

一、症状

该病害为害植株根部。根部受害先从根尖开始，在线虫侵入点呈小球状或棒状膨大，以后逐渐增大而形成瘤状突起的虫瘿。随着根的生长，线虫反复侵染，多个虫瘿集合，使根呈结节状膨大。受害植株地上部生长受抑制，分枝少，叶片失绿或产生黄绿色斑并自下而上逐渐枯黄而掉落，病株开花和结果推迟，结果少而小，受害严重者，主根腐烂，植株枯死（图 17－2）。

图 17－2　罗汉果根结线虫病症状

A. 病根　B. 健根

1. 地上部

从地上部茎叶看，苗期藤蔓上棚前感病，则植株矮缩，叶片变小、老化；“龙头”即顶芽叶片皱缩，生长缓慢，植株很难上棚，即使上棚也很少开花、产籽。如果生长后期即上棚后感病，可导致开花推迟，果实僵而小，发病严重者全株枯黄，直至死亡。

2. 地下部

从地下部看，根结线虫从根的幼嫩部分侵入，受害后的须根形成大小不等的球状膨大根结（虫瘿），常呈念珠状，块茎受害则形成疙瘩，解剖根结，病部组织里有很多细小的乳白色线虫。

二、病原

罗汉果根结线虫病主要由南方根结线虫侵染所致。

三、发病规律

线虫的整个生活史分为卵、幼虫、成虫 3 个阶段，幼虫有 4 个龄期。根结线虫常以二龄幼虫或卵随病残体遗留土壤中越冬，可存活 1～3 年，翌年条件适宜，越冬虫卵孵化为幼虫，继续发育并侵入寄主，刺激根部细胞增生形成根结或瘤。通常 1 年发生 7～8 代。土温 25～30 ℃，土壤持水量 40％的情况下每 22 d 左右完成 1 个世代。罗汉果现在以种植组培苗或扦插苗为主，种植时间为 3 月中下旬至 4 月上旬，此时气温稳定在13～15 ℃以上，定植后 7～10 d 根系开始生长时，土壤中的越冬虫卵已孵化成幼虫，二龄幼虫开始在土中移动寻找根尖，由根冠上方侵入为害。

四、防治方法

1. 园地选择

最好用生荒地种植，并实行与禾谷类作物轮作，前作为花生、黄豆、绿豆、西瓜、南瓜等线虫寄主植物的地块不宜种植。冬季深翻园土 35 cm，可以破坏根结线虫的生存和越冬环境，减少下年的虫口密度。

2. 种茎消毒

选择无病块茎作种，种茎栽培前用 5%阿维菌素 800～1 000倍液浸 15 min，晾干后下种。选用无病土育苗，种植无线虫种苗。

3. 粪肥处理

未腐熟的农家肥是根结线虫生长和繁殖的温床，因此栽培罗汉果不可施用未腐熟的农家肥，施用时每 667 m^2 须用 5%的甲萘威 500 g 进行无害化处理，效果较好。

4. 土壤消毒处理

在罗汉果生长期，每 667 m^2用 50%辛硫磷乳油 500 g，拌细沙或细土 25～30 kg，在罗汉果根旁开沟施入药土，随即覆土，或结合中耕锄地将药土施入，可杀死根结线虫；或者选用 50%二嗪磷乳油 1 000～1 500 倍液、20%拒食胺乳油 500 倍液，以上药剂可任选一种或交替使用，将药液施入事先挖好的 15 cm 深的沟内，待药液渗入土中后，再覆土填平；或在罗汉果园地面上，每隔 30 cm 打一深 15 cm 的洞，灌浆入洞后覆土封洞，均能收到较好的效果。

5. 发病田管理

发病严重的罗汉果植株应及时拔除，集中烧毁，以保持田间卫生，防止病害传播蔓延。对处于发病初期的植株按每100株用10%噻唑膦颗粒剂500 g拌细沙10～15 kg制成毒土，开沟撒施于根部（结合部分药剂碾磨细碎后溶于适量水进行灌根），也可用噻唑膦1 kg＋尿素2 kg＋磷酸二氢钾1 kg对水400 kg进行根部淋施，能有效杀灭根须和块根上虫瘿中的根结线虫成虫，控制病情的发展与蔓延，病株治愈率均在90%以上。

第十八章 木瓜土传病害

木瓜（*Chaenomeles sinensis*）蔷薇科木瓜属，灌木或小乔木，高达5～10 m。叶片椭圆卵形或椭圆长圆形，稀倒卵形，长5～8 cm，宽3.5～5.5 cm，叶柄长5～10 mm，微被柔毛，有腺齿。果实长椭圆形，长10～15 cm，暗黄色，木质，味芳香，果梗短（图18-1）。花期4月，果期9～10月。

图18-1 木 瓜

果实味涩，水煮或浸渍糖液中供食用，入药有解酒、祛痰、顺气、止痢之效。果皮干燥后仍光滑，不皱缩，故有光皮木瓜之称。木材坚硬可作床柱用。

木瓜常见病害有根腐病、根结线虫病、灰霉病、锈病、花叶病等，其中根腐病和根结线虫病为土传病害。

第一节　木瓜根腐病

一、症状

图 18－2　木瓜根腐病症状

木瓜根腐病自木瓜幼苗至成株期均可发生。病菌常从受伤的侧根入侵，后呈现深褐色软腐，发出恶臭味（可能伴生有腐生细菌），此时近基部的叶浅黄色萎蔫，进而扩展至主根，直至植株死亡。根腐烂亦可延至茎腐，茎尖萎缩，叶片枯黄脱落，最后全株枯死（图 18－2）。剖开病茎髓腔，常见有白色絮状菌丝体。如幼苗发病，常现猝倒或立枯死亡。未成熟的硬果，尤其是受伤的果，也会受侵染，出现水渍状、不规则、黄褐色病斑，潮湿时病部长出白色霉层，病果最终软腐。如镰刀菌引起的根腐，受侵染根茎的维管束韧皮部变褐，潮湿时茎部病斑长出橘红色黏粒。

二、病原

木瓜根腐病病原为疫霉菌、腐霉菌或镰刀菌。

三、发病规律

幼苗期很少发病，移植后 15～30 d 发病率 30%～50%；2～4年生大树发病率可达 80%以上；4 年生以后的大树少病。木瓜根腐病的病菌可在土壤中腐生存活多年；其中疫霉菌和腐霉菌以卵孢子在土壤中越冬，翌年在湿度大、温度适合时萌发，产生大量游动孢子，借助雨水、流水和风等传播，萌发入侵，可多次再侵染。镰刀菌更是土壤习居病菌。一般锡兰红肉木瓜最易感病。湿度大、排水难的黏质土，连栽地，发病重；根和根茎受伤易得病；地下害虫和线虫为害常伴发此病。

四、防治方法

木瓜根腐病发病初期采用灌根方式施药防治，用喷雾方式施药防治茎腐和果腐。对疫霉菌及腐霉菌引起的根腐病可选用的药剂有 25%甲霜灵可湿性粉剂 500～600 倍液、72.2%霜霉威盐酸盐水剂 500～800 倍液和 80%三乙膦酸铝可湿性粉剂 400 倍液等；对于镰刀菌引起的根腐病可选用的药剂有 70%噁霉灵可湿性粉剂、70%敌磺钠可湿性粉剂、50%多菌灵可湿性粉剂等；施于植株根部土壤中，每隔 7～10 d 施 1 次，连施 2～3 次。

第二节 木瓜根结线虫病

一、症状

病原线虫的二龄幼虫由根尖或根尖后部幼嫩处侵入，刺激寄主细胞膨大形成巨型细胞，导致寄主根系形成根结。形成根结后根不能再伸展而发生次生根，次生根再次被侵染。由于不断重复侵染致使根系萎缩变形，成为根结团。根结的形状和大小因线虫的侵染部位和侵染状态而异。1 条幼虫单独侵染时形成一个单独的细小根结，解剖根结通常也只能发现 1 条雌虫。有时数条至数十条幼虫从根的同一个部位的不同侵染点侵入，这样形成根结之后会相互愈合，使根结呈念珠状或块状。解剖块状根结可发现多个雌虫。根系被线虫严重侵染之后，植株生长不良，叶片褪绿或黄化。

二、病原

木瓜根结线虫病病原为南方根结线虫。

三、发病规律

根结线虫在土壤中活动范围很小，一年内移动距离不超过 1 m。因此，初侵染源主要是病土、病苗及灌溉水。线虫远距离的移动和传播，通常是借助流水、风、雨、农机具沾带的病残体和病土、带病的种子和其他营养材料以及各项农事活动完成。

土壤湿度是影响根结线虫卵孵化和繁殖的重要条件，雨季有利于其孵化和侵染，但在干燥或过湿的土壤中，其活动受到抑制。适宜土壤 pH 4～8，地势高燥、土壤质地疏松、盐分低的条件适宜根结线虫活动，有利于发病，一般沙土较黏土发病重，连作地发病重。

四、防治方法

根结线虫病有效的防治措施是进行综合防治。

（1）改善土壤结构，努力创造根结线虫不宜生存、繁殖的环境。

（2）加强果园肥水管理，提高植株抗性。

（3）筛选有效的生物源杀线剂。

（4）进行抗病育种。

（5）化学防治，10％噻唑膦颗粒剂、5％丁硫克百威颗粒剂、1.5％二硫氰基甲烷可湿性粉剂对木瓜根结线虫病具有良好的防效，不仅能控制土壤中的幼虫数量，而且能有效地抑制根结的形成，具有速效性好、持效性长等优点。木瓜的栽培过程中不能使用高渗辛硫磷乳油。

第十九章 枇杷土传病害

枇杷（*Eriobotrya japonica*），别名：芦橘、金丸、芦枝（图 19-1），蔷薇科枇杷属植物，原产中国东南部。树高 3～5 m，叶子大而长，厚而有茸毛，呈长椭圆形，状如琵琶，因此而得名。枇杷与大部分果树不同，在秋天或初冬开花，果在春天至初夏成熟，比其他水果都早，因此被称是“果木中独备四时之气者”。枇杷的花为白色或淡黄色，有 5 片花瓣，直径约 2 cm，以 5～10 朵成一束，可以作为蜜源作物，也可入药。

图 19-1　枇　杷

枇杷叶亦是中药的一种，以大块枇杷叶晒干入药，有清肺胃热、降气化痰的功用，常与其他药材制成“川贝枇杷膏”。但枇杷与其他相关的植物一样，种子及新叶轻微带有毒性，生吃会释放出微量氰化物，但因其味苦，一般不会吃足以致害的分量。

枇杷常见病害有根腐病、白绢病、白纹羽病、癌肿病、圆斑病、灰斑病、炭疽病等。

第一节　枇杷根腐病

一、症状

枇杷根腐病多发生在根颈及其以下的根部，病菌侵染后，病部皮层松软、坏死、腐烂。发病初期为黄白色至黄褐色不规则病斑，病健部交界不明显，后逐渐转为黑褐色，近地面的根颈处或根部促发大量新根，受病原侵染后新根也随之腐烂、坏死。病情严重时，大部分根系变黑腐烂，韧皮部与木质部分离、形成层坏死显褐色、植株萎蔫、叶片黄化、脱落、最后整株枯死。在高温、高湿的环境中病部表面会形成大量白色霉状物，即病菌分生孢子梗和分生孢子。

二、病原

枇杷根腐病是由半知菌类引起的一种土传病害，病菌以细小菌核、菌丝在土壤或病残体中越冬或长期存活，主要通过土壤、农具、灌溉和病残体传播。

三、发病规律

枇杷根腐病与土壤条件关系密切，一般月均气温在 20～

30 ℃时有利于发病，而1～2月、11～12月低温少雨条件则不利于其发病；5～8月雨量集中，土壤湿度大，极有利于该病的发生蔓延，枇杷发病率、死亡率高；土壤性状对根腐病发生侵染影响较大，平地黏壤土果园因排水不良、土壤黏重、通气不良，较坡地红壤土果园发病重。农事操作或地下害虫为害造成根部损伤；枇杷挂果过多、负担过重，明显抑制根系生长；施肥不当或过量施用化肥或未腐熟的有机肥，造成根部肥害，都有利于病菌侵染为害。

四、防治方法

1. 农业防治

（1）新开辟的果园应选择避风、向阳、排灌方便、土层深厚的壤土或红壤土；低洼、平地、地下水位高、土壤黏重的应筑土墩栽种，并开大沟排水防涝，同时应客沙、增施有机肥改良土壤。重茬果地要结合整地彻底清理病残体并集中烧毁。

（2）从无病菌地引种，选择矮化健壮苗木，并带土移栽，减少根系损伤。

（3）加强果园管理、增施有机肥、磷钾肥、钙镁肥及微肥。有机肥料应沤制腐熟后与化肥混合施用，幼龄树应薄肥勤施，切忌肥料浓度过大或集中施肥，防止根部肥害；投产树应合理挂果，控制结果量，以增强树势、提高抗病力，尤其是枇杷进入盛果期之后，如果肥水不足，挂果量过多，树体负担过重就会造成树势减弱，从而易引发根腐病。雨季应注重开沟排水，以防渍水伤根。

2. 化学防治

（1）枇杷根腐病从3月开始发病，应加强调查，做到早发现、早防治。发现病树，应挖开根部周围土壤深15～20 cm，彻底刮除病灶，将病残体烧毁，同时注意保护无病根系，减少损伤。清理病部根系后，晾根24 h，在伤口处涂抹1∶15的77％冠菌铜或1∶50的0.05％核苷酸水剂，同时每株覆盖3～5 kg新鲜草木灰，再覆盖新土，这样做治愈率很高。在发病初期也可以采用化学药剂灌根防治。药剂可选用20％三唑酮800倍，40％氟硅唑7 000倍，0.05％核苷酸水剂500倍液，72％农用链霉素4 000倍液。7～10 d后再灌1次。蝼蛄、蛴螬、金针虫等地下害虫为害严重的果园，可采用株施1～1.5 kg的呋喃丹颗粒剂或40％辛硫磷1 000倍液结合防治。

（2）挖除枯死病株，清理园内病残体，集中烧毁，每个病穴可灌5％甲醛溶液消毒，并用塑料薄膜密封熏蒸2～3 d，消灭或减少病菌来源，防止病菌传播蔓延。

第二节　枇杷白绢病

一、症状

发病部位主要在果树或苗木的根颈部，以距地表5～10 cm处最多。发病初期，根颈表面形成白色菌丝，表皮呈现水渍状褐色病斑。菌丝继续生长，直至根颈全部覆盖丝绢状的白色菌丝层，故名白绢病。在潮湿条件下，菌丝层能蔓延至病部周围地面，后期在病部或者附近的地表裂缝中长出许多棕褐色或茶褐色油菜籽状的菌核。这是识别该病的主要特征。病部附近土壤也布有白色菌丝和菌核（图 19－2）。病株地上部的症状为叶片变小发黄，枝条节间缩短，结果多而小。茎基部皮层腐烂，病斑绕干一周后，在夏季会突然全株枯死（图 19－3）。

图 19－2　枇杷白绢病症状

图 19－3　枇杷白绢病

二、病原

该病病原为白绢薄膜革菌（*Pellicularia rolfsii*），属担子菌亚门层菌纲非褶菌目；无性时期为齐整小核菌。

三、发病规律

病菌以菌丝体在病树根颈部或以菌核在土壤中越冬，菌核越冬后，翌年再生出菌丝侵染寄主植物。菌核在自然条件下，在土壤中可存活 5～6 年。病菌主要靠菌核通过雨水或灌溉水近距离传播，远距离传播则借助带病苗木运输完成。土壤黏重、排水不良、管理粗放的果园和在种过易染病植物的土地上建园种植，发病较重。高温多雨季节有利于发病。在夏季，病树有时会突然全株死亡。

四、防治方法

1. 选地育苗建园

育苗建园时，应避免在发病和种植过易感植物的地块育苗建园。

2. 春秋季扒土晾根

植株地上部出现症状后，将树干基部主根附近土扒开晾晒，可抑制病害的发展。晾根时间从 3 月开始到秋天均可进行，雨季来临前可填平树穴以防发生不良影响。晾根时还应注意在穴的四周筑土埂，以防水流入穴内。

3. 选用无病苗木

调运苗木时严格进行检查，剔除病苗，并对健苗进行消毒处理。消毒药剂可用 70%甲基硫菌灵或多菌灵 800～1 000 倍液，或 2%的石灰水，或 0.5%硫酸铜溶液浸 10～30 min，然后栽植。也可在 45 ℃温水中浸 20～30 min，以杀死根部病菌。

4. 病树治疗

根据树体地上部的症状确定根部有病后，扒开树干基部的土壤寻找发病部位，确诊是白绢病后，用刀将根颈部病斑彻底刮除，并用乙蒜素50倍液或1%硫酸铜消毒伤口，再外涂波尔多浆等保护剂，然后覆盖新土。

5. 挖隔离沟

在病株外围，开挖隔离沟，封锁病区。

第三节　枇杷白纹羽病

一、症状

该病只侵染根部，在根尖形成白色菌丝，老根或主根上形成略带棕褐色的菌丝层和菌丝索，结构比较疏松柔软。菌丝索可扩展到土壤中，变成较细的菌丝索，有时还可以填满土壤中的空隙。菌丝层上可长出黑色的菌核。菌丝穿过皮层侵入形成层深入木质部，导致全根腐烂，地上部叶片发黄、脱落（图19-4）。

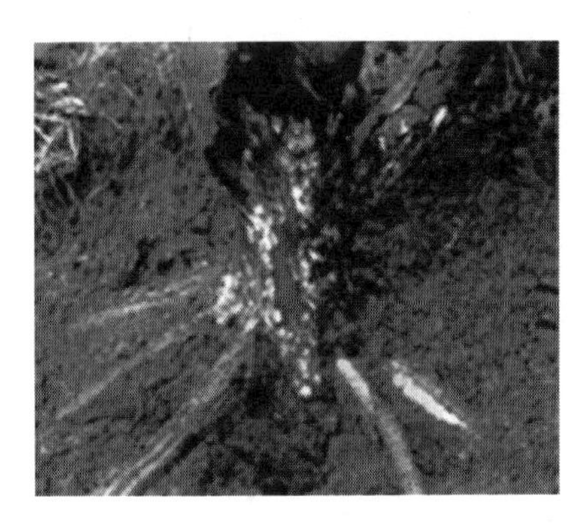

图19-4　枇杷白纹羽病

二、病原

枇杷白纹羽病病原为褐座坚壳菌（*Rosellinia necatrix*），

属子囊菌亚门（图 19－5）。

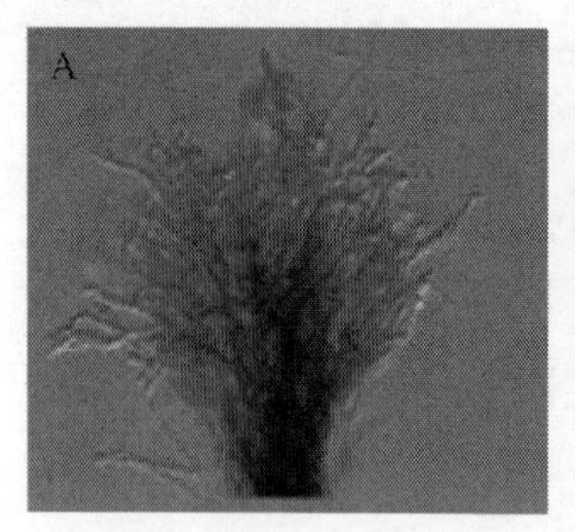

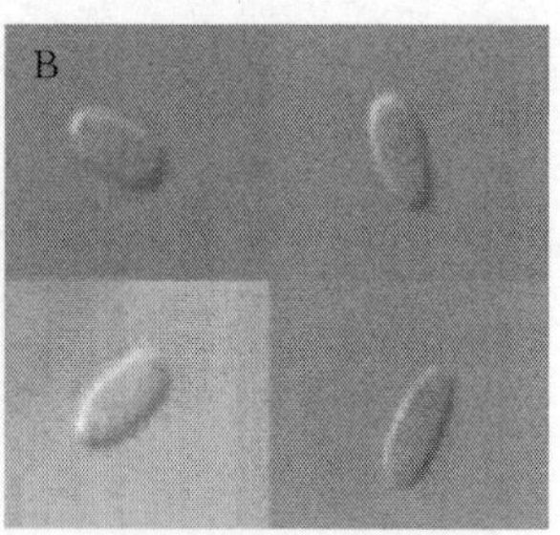

图 19－5　褐座坚壳菌

A. 病菌孢梗束　B. 分生孢子形态

三、发病规律

温暖多湿的梅雨季节容易发病。土壤黏重、透气不良，含水量高的果园发病重。管理粗放、树势衰弱的果园发病较重。枇杷白纹羽病主要是以菌丝体在土壤中越冬，靠接触传染。病菌的菌丝残留在病根或土壤中，可存活多年，并且能寄生在多种树上，引起根腐，可导致全株死亡。

四、防治方法

1. 加强果园管理

增施腐熟有机肥，合理灌溉，增强树势，提高树体抗病力。

2. 科学修剪

剪除病残枝及茂密枝，调节通风透光，注意果园排水措施，保持适当的温度、湿度，结合修剪清理果园，减少病源。

3. 选择抗病品种

因地制宜地选择较抗病品种。

4. 加强检疫，合理轮作

该病由土壤传播，早期难以发现，必须重视预防。在调运苗木、引进接穗时严格检疫，防止将病害引入。前作感染了此病的与禾本科作物轮作 6 年后种植。

5. 化学防治

发现病株后应立即扒开根颈及根部土壤，剪除病根，用 70%甲基硫菌灵可湿性粉剂 100 倍液清洗，并用此药液消毒周围土壤。

第四节　枇杷癌肿病

枇杷癌肿病是一种细菌性病害。主要为害枝干、芽梢、叶片、果实。

一、症状

被害枝干初期产生黄褐色不规则斑，之后局部增粗或形成瘤状突起，成为癌肿状的同心圆斑。逐渐表面粗糙，形成环纹状开裂线，树皮翘裂脱落，露出黑褐色腐朽的木质部。病部组织坚硬，输导组织阻塞，枝干枯死。芽梢染病，簇状，并有黑色溃疡。后成纺锤形龟裂，直至枯萎。叶上病斑发生在主脉上，叶脉褪色，后呈黑褐色，有明显黄晕，叶片皱缩成畸形。果面病斑仅 0.5 cm 大小，果面溃疡粗糙，果梗表面纵裂。

二、病原

枇杷癌肿病病原为丁香假单胞菌（*Pseudomonas syringae* pv. *eriobotryaeo*），为假单胞菌属（图 19－6），革兰氏阴性杆菌。长（2.5～3）μm，宽（0.5～1.0）μm，呈杆状，两端钝圆，无芽孢，有鞭毛。本菌为兼性厌氧菌，但易在表面生长。最适生长温度为 37 ℃，pH 5～7 范围内生长较好。表面有一层特殊的蛋白质，可使水在冰点以上凝固。

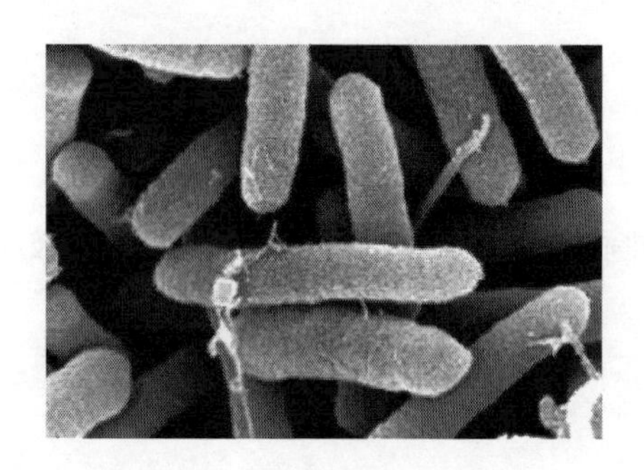

图 19－6　枇杷癌肿病菌

三、发病规律

枇杷癌肿病病菌在树干病部越冬，随种苗传播。一般 3～4 月发病，开始发病前后 15 d 的降雨日数若多，发病率就高。

湿度大时病原随菌脓从肿瘤表面溢出，随雨水传播，从寄主伤口侵入，潜育期在20～30 d。发病后又产生菌脓，随雨水传播进行二次侵染，造成大面积流行。

四、防治方法

1. 严格检疫

此病在国内仅有部分地方发生。所以，严格检疫，防止传播很是必要。

2. 园地管理

园地开沟排水，树体整枝修剪，培育健壮树势，增强抗病能力。

3. 农具消毒

操作的工具，在使用后用1 000倍升汞水或50～100 mL/L链霉素涂刷消毒。避免传播病菌。

4. 刮净病斑

伤口涂50%甲霜灵可湿性粉剂50～100倍液，或4%腐殖酸铜水剂，或5%菌毒清水剂30～50倍液；或腐必清涂剂，在冬春季用2～3倍液，夏秋季用50倍液，或用硫悬浮剂加乙蒜素100倍液防治。遇大风或冰雹等灾害性天气后，要及时喷洒78%波尔·代森可湿性粉剂400～600倍液，或25%甲霜灵可湿性粉剂500～800倍液，或2%抗霉菌素水剂200倍液，或0.4%～0.5%波尔多液。

第二十章 人参土传病害

人参（*Panax ginseng*）系五加科人参属植物人参的干燥根，是一种名贵的中药材。由于其具有抗氧化、抗衰老、增强机体免疫力等多种药理功效，又被誉为“百草之王”（图 20－1）。

图 20－1 人 参

人参常见病害有菌核病、根腐病、立枯病、疫病、根结线虫病、猝倒病、锈腐病、细菌性软腐病、灰霉病、白粉病、褐斑病等。

第一节 人参菌核病

一、症状

感病后，被害参根初生少许白色绒状菌丝体，后内部迅速消失，只剩下外表皮，病体上形成不规则的黑色鼠粪状菌核（图 20－2）。

图 20-2 人参菌核病症状

二、病原

人参菌核病病原为核盘菌（*Sclerotinia ginseng*）。该菌生长适宜温度在 15～20 ℃，菌核与菌丝致死温度分别为 47 ℃和 42 ℃，在 PDA 上，菌落呈辐射状圆形生长，平铺。20 ℃黑暗条件下持续 6 d，长满直径 90 mm 的 PDA 平板，8 d 开始生长菌核，10 d 左右菌核长满平板。菌核初为白色，渐加深，最后变成黑色，质地粗糙近球形，无光泽，大小（1.88～9.86)mm×(0.86～5.83)mm。

病根呈软腐状，菌核生于病根内。菌核不规则状，中间凹陷，黑色，髓白色。在 PDA 上，菌丝生长初期呈白色，后期变为灰黑色。菌核呈同心圆状排列。菌核两端凹陷于培养基内。菌核大小为（2.0～10.0)mm×(1.0～5.0)mm（图 20-3)。子囊盘为偶发型，多单生，黄褐色，初为漏斗状，后呈盘形，盘径 1.5～4.5 mm。子囊棍棒状，无色，大小为（115.0～137.5)mm×(8.0～11.3)μm。侧丝丝状，无隔膜，无色。子囊孢子 8 个，以单行排列为主，偶有双行，单胞，无色，大小为（9.0～12.5)μm×(4.5～5.3)μm（图 20－4）。

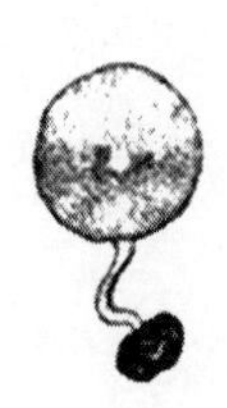

图 20－3 人参核盘菌菌核、子囊盘形态

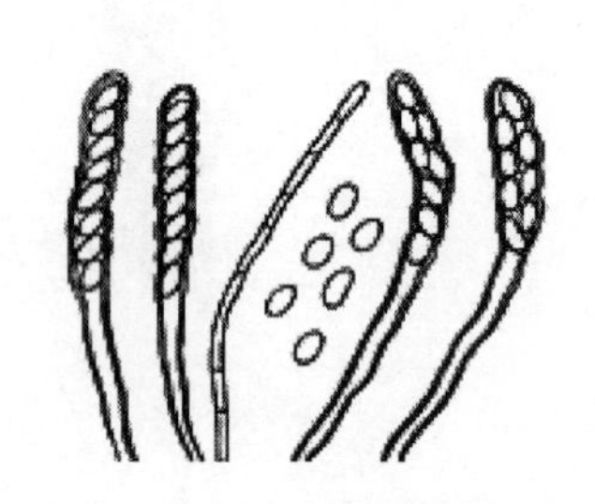

图 20－4 人参核盘菌子囊、子囊孢子和侧丝形态

三、发病规律

该病主要发生在 4 年生以上参根上，幼苗很少受害。主要为害芽孢、根及根茎等部位。此病蔓延极为迅速，很难早期识别，前期地上部几乎和健株一样，当植株表现萎蔫症状时，地下根部早已溃烂不堪了。

四、防治方法

1. 参床选择

参床避免选在背阴低洼处，早春注意提前松土，以提高地温、降低湿度。

2. 床面消毒

出苗前用1%硫酸铜溶液或1∶1∶120波尔多液床面消毒，发现病株及时拔除，并用生石灰粉对病穴进行土壤消毒。

3. 化学防治

发病初期用50%腐霉利800倍液或40%菌核净500倍液灌根，并在始花期以同样浓度对茎叶喷雾，对该病有较高的防治效果。移栽前用上述药剂处理土壤可起到预防作用。

第二节 人参根腐病

一、症状

主要为害老龄参。常从芦头或支根处开始发病，向主根蔓延。病部呈黄褐色至灰褐色，参根部分或全部腐烂，地上部先叶片萎垂，后整株枯萎。1～2年生参苗引起苗腐（图20－5）。

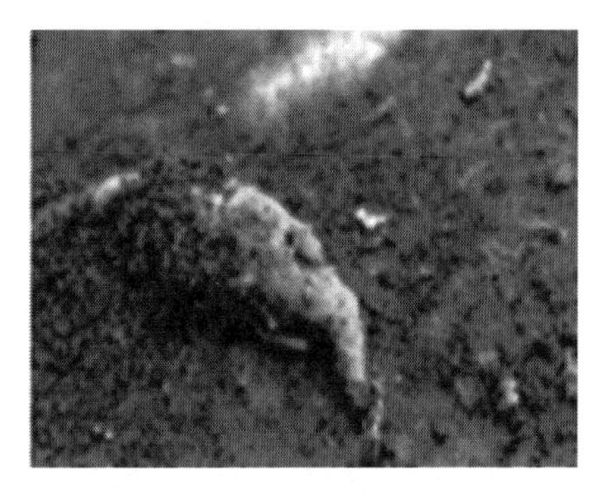

图20－5 人参根腐病症状

二、病原

引起人参根腐病的病原有锈腐菌、镰刀菌、细菌、线虫、疫霉及交链孢霉等。主要病原为茄病镰刀菌。

三、发病规律

人参根腐病病菌喜高温、高湿，生长发育的适宜温度是29～32 ℃。主要发生在7～8月高温多雨季节。浸水、湿度过大、排水不良的参床易发病。常造成参根腐烂，参苗成片死亡。

病菌以菌丝体和厚垣孢子越冬，可在土壤中存活3年以上，可通过雨水、流水以及带菌堆肥传播蔓延。镰刀菌主要由伤口侵入为害。侵入后病部产生新的病菌，进行再侵染，扩大为害。

四、防治方法

1. 农业防治

（1）施入有机肥和生物菌剂进行土壤调理，抑制病菌繁殖。

（2）注意防雨、排涝、通风，保持稳定的土壤温度、湿度。及时松土、除草，减少土壤板结，以利降湿和提高地温。

（3）发现病株及时挖除，并对病区进行消毒隔离。

2. 化学防治

（1）土壤消毒。每667 m^2 用99%噁霉灵粉剂 10～20 g+

50%多菌灵可湿性粉剂 200 g。

（2）种子（栽）消毒。用 2.5%咯菌腈悬浮种衣剂 5～10 倍液拌种或 50～100 倍液拌种栽，或用 50%多菌灵可湿性粉剂 600 倍液浸种栽（浸后要沥干，预防发生冻害）。

（3）生长期防治。用 50%多菌灵可湿性粉剂 500～800 倍悬浮液生长期浇灌病区。

以上处理方法结合使用，防治效果更好。

第三节 人参立枯病

人参立枯病属于土传病害，致病因素复杂，主要是细菌和真菌混合致病。连作地较轮作地和新栽地发病重，且连作地年限越长病情越重。主要为害一、二年生幼苗，也可为害三、四年生植株，为害严重时能够造成幼苗成片死亡，给人参生产造成巨大损失，必须引起重视，及早做好防治工作，减少损失。

一、症状

立枯病是人参苗期主要病害，发生普遍，分布较广，人参被害率通常在 20%～30%，发病严重时，可造成参苗成片死亡，损失较大。立枯病主要为害幼苗茎基部或地下根部，即植株在距表土 3～5 cm 的干湿土交界处的部位。病菌侵入嫩茎后，茎基部呈现黄褐色的凹陷长斑，初为椭圆形或不规则暗褐色病斑，病苗早期白天萎蔫，夜间恢复，病部逐渐凹陷、缢缩，有的渐变为黑褐色。当病斑扩大绕茎一周时，逐渐深入茎内，导致茎内组织腐烂，从而隔断输导组织，致使人参幼苗上部得不到水分和养分，最后干枯死亡，但不倒伏。轻病株仅见褐色凹陷病斑而不枯死。苗床湿度大时，病部可见不甚明显的淡褐色蛛丝状霉（图 20－6）。

图 20－6　人参立枯病症状

二、病原

人参立枯病多为丝核菌及镰刀菌寄生所引起。病原为立枯丝核菌。

三、发病规律

病菌以菌丝和菌核在土壤或寄主病残体上越冬，腐生性较强，可在土壤中存活 2～3 年。混有病残体的未腐熟堆肥，以及带有病菌菌丝体和菌核的其他寄主植物，均可成为病菌的初侵染源。病菌通过雨水、流水、沾有带菌土壤的农具以及带菌的堆肥传播，从幼苗茎基部或根部伤口侵入，也可穿透寄主表皮直接侵入。病菌生长适温为17～28℃，12℃以下或30℃以上病菌生长受到抑制，故苗床温度较高，幼苗徒长时发病重。土壤湿度偏高，土质黏重以及排水不良的低洼地发病重。光照不足，光合作用差，植株抗病能力弱，也易发病。

四、防治方法

1. 农业防治

（1）注意排水和通风透光，及时挖好排水沟，严防雨水漫灌参床，降低参床湿度。随时清除田间杂草及病残体，以减少病菌基数。

（2）秋播田在早春要及时松土、除草，增加土壤通透性，避免土壤板结，降低参床湿度。

2. 化学防治

（1）种子和种栽消毒。可用25 g/L咯菌腈5倍液拌种或浸种、50倍液蘸栽，杀死种子携带的病菌，有明显的防治效果并可兼治其他病害。

（2）土壤消毒。在播种前，每667 m^2 用2.5～3 kg 0.1%噁霉灵颗粒剂处理苗床土壤或用96%噁霉灵3 000～6 000倍液（或30%噁霉灵1 000倍液）细致喷洒苗床土壤，每平方米喷洒药液3 g，防治效果较好。

（3）病区处理。用99%噁霉灵粉剂3 000倍液浇灌病区，能起到治疗和防止病害扩散的作用。发现病株、病叶要及时清出田间深埋。

（4）在施药后，叶面如沾有药液，应立即用清水冲洗，以免发生药害。

第四节　人参疫病

人参疫病是我国人参生产最严重的病害之一，虽然因推广透光防雨棚，人参地上部疫病的发生已经少见，但疫病造成的烂根率仍占5%左右。

一、症状

被害植物在茎或叶柄上产生褐色水渍状、无边缘的病斑，天气潮湿时病斑迅速上下扩展，上生白色霉层（病菌游动孢子囊梗及游动孢子囊），病部软化，以致引起全株叶片萎垂，形成“搭拉手巾”，严重时病株折倒死亡。叶片染病生暗绿色水渍状大圆斑。病势扩展迅速，开始多零星发生，严重时整个参床的植株大部分倒伏。根部受害时，病部黄褐色，水渍状，逐渐扩展并软化，根皮易剥离，有腥臭味，淌水溃烂（图20－7）。

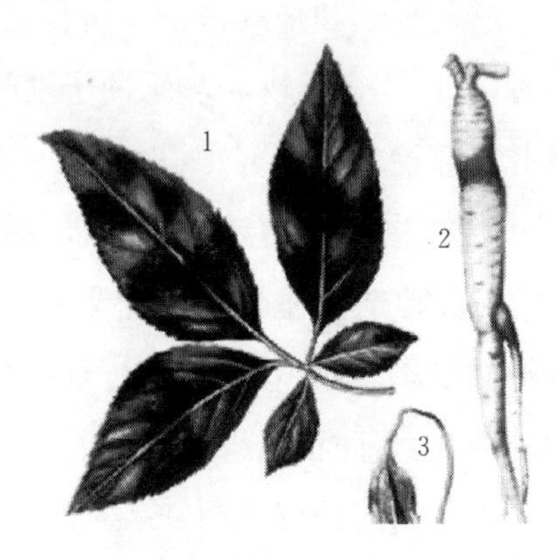

图20－7　人参疫病

1、3. 病叶　2. 病根

二、病原

人参疫病是由恶疫霉引起，菌丝体白色，绵状，无隔膜，分枝较少，宽 3～7 μm。在皮氏液中孢子囊梗合轴分枝；孢子囊顶生，卵形（60.0～30.0）μm×（31.2～21.0）μm，长宽比值为 1.3～1.5，顶端具有一明显乳突，高约 4 μm。孢子囊易脱落，具短柄，柄长 0～4 μm。游动孢子肾形，（10～12）μm×（7～11）μm。藏卵器球形，直径 20～30 μm。雄器近球形，多侧生，偶有围生。卵孢子球形，黄褐色，直径为 23～33 μm，近满器。孢子囊可直接萌发，作用相当于分生孢子。

三、发病规律

恶疫霉的菌丝和孢子囊很难在土壤中越冬，其卵孢子可在土壤中存活 4 年之久。卵孢子是病菌进行初侵染的繁殖体。游动孢子可直接侵染参根、叶片、叶腋，是再侵染的主要器官。一般孢子囊萌发释放 10～36 个游动孢子，孢子囊也可直接萌发产生芽管、附着胞。侵入丝由叶片气孔侵入叶片组织，相当于分生孢子的作用。无论孢子囊的直接萌发还是间接萌发都需要水的存在，所以降低空气湿度，注意参床土壤的排水透气性能，可减少人参疫病的发生。用游动孢子接种参根，参株地上部产生典型症状的只占发病参根的 2.5%，接触传播是参床土壤中人参疫病扩展蔓延的主要方式。

四、防治方法

1. 减少病源

人参疫病在病害综合防治措施中，应以减少初侵染源，保持好参园卫生为中心，采用隔年土，并在伏天多次上下翻动，经充分日晒可降低病菌生活力，阳光照射可使休眠卵孢子萌发，丧失侵染能力，大量降低初接种体的数量。秋季要及时清除参床表面的枯死茎叶。培育健壮无伤痕的参根，可减轻疫病的为害。

2. 防止扩散

搭防雨参棚、用落叶（或稻草、麦秆、蒿草）覆盖参床、防止雨水飞溅传播和散布病菌，可以控制人参、西洋参地上部疫病的为害。

3. 化学防治

甲霜灵、甲霜灵·锰锌对人参疫病根腐具有治疗作用。代森锰锌只可预防人参疫病根腐。参苗消毒的防病效果比土壤消毒防病效果好，且方法简单易行，节省药剂，对参苗安全无害，是防治疫病根腐的有效措施。可供田间、参床喷洒和土壤消毒的药剂有甲霜灵（600倍液）、甲霜灵·锰锌（500倍液）、代森锰锌（500倍液）、三乙膦酸铝（500倍液）、百菌清（400倍液）、铜粉（1 500倍液）。交替使用保护剂和内吸剂，尽可能降低施药次数和浓度，以克服病菌产生抗药性，并减少药剂对环境的污染，保持生态平衡。

第五节 人参根结线虫病

人参种植迅猛发展，同时在耕作制度、参棚结构、种植密度和施肥等方面发生了较大的变革，造成主次病害的演变和为害程度的变化，并出现了一些新的病害。人参根结线虫病也逐渐成为人参栽培的重要病害之一。

一、症状

人参根结线虫病主要为害参根，使参根的侧根和须根过度生长，结果形成大小不等的根瘤（虫瘿：其内有大量的白色线虫）。因此在参根的侧根和须根上，具有根瘤状肿大，为这个病害的主要症状。根瘤大多数发生在须根上，也有的出现次生根瘤。由于根系受到寄生线虫的破坏，其正常机能受到影响，使水分和养分难于输送，病根发育不良，明显比健康参根干瘪和粗糙。在一般发病的情况下，地上部无明显症状，但随着根系受害逐渐变得严重，使地上部植株生长迟缓，叶片发黄，无光泽，叶缘卷曲，呈缺水状。

二、病原

人参根结线虫病病原为北方根结线虫（*Meloidogyne hapla*）。

1. 雌虫

虫体白色，半透明，梨形至球形，颈短。颈部突出与体轴对称，头区大，无环纹。口针纤细，基部球圆形，和杆部有明显界线，锥部向背部稍稍弯曲，杆部末端最宽，少数个体尾端略隆起。会阴花纹由平滑的条纹组成，会阴花纹呈圆形或略带方形，纹平顺、均匀、简洁，有些花纹可向一方和两方延伸成翼状，肛门至阴门区无线纹，肛门至两个侧尾腺之间有一片刻点区为北方根结线虫种的典型鉴别特征。

2. 雄虫

头不突出，头端平截到半球形，头区通常和身体有明显的界线，并宽于第一体环，口针细长，基部球圆形，头端距排泄孔的距离 80.0～110.0 μm，侧区 4 条侧线，尾部钝圆，交合刺弯曲，具一尖突，引带半月形，两端稍细长。

3. 二龄幼虫

蠕虫状，后端细，头不突出，头区不缢缩，平截锥形，口针基部球圆形，唇后无环纹，侧区 4 条侧线，外带具不规则横纹，头到中食道球瓣膜长 45.0～50.5 μm，排泄孔距头端距离 57.5～62.5 μm，半月体紧靠排泄孔前，尾末端渐细，有 3～5 道缢痕，末端钝锥形，尾部有明显透明区，其长为 11.3～15.0 μm，尖端狭窄。

三、发病规律

北方根结线虫可寄生人参、西洋参、三七、黄芪、补骨脂、当归、白术等。卵和幼虫存活的最适温度是 10～15 ℃，最适孵化温度为 25～30 ℃。

四、防治方法

1. 土壤改良

土壤改良的方式主要通过使用腐熟的有机肥做底肥，抑制土壤中根结线虫卵的孵化，进而减缓根结线虫病害。采用对根结线虫有毒性的植物，以绿肥的形式还田，对根结线虫的防治效果较好。

2. 物理防治

防止交叉感染是降低根结线虫的有效措施，例如，清洁田园、采用干净的农具、机器等措施可以防止人为传播。除此之外，加强种苗、苗木等流通环节的检疫，防止根结线虫的长距离传播。通过覆盖土表，利用日光进行暴晒，持续 3 周之后，可以有效地杀死土壤中的根结线虫及腐生线虫。

3. 化学防治

当前化学防治是根结线虫防治中最为有效且使用广泛的手段。防治时可将 1.8%阿维菌素 1 000 倍液和水溶肥一起使用，严重时将 1.8%阿维菌素 1 000 倍液和淡紫拟青霉一起使用。

第六节 人参猝倒病

一、症状

发病初期，在近地面处幼茎基部出现水渍状暗色病斑，扩展很快，发病部位收缩变软，最后植株倒伏死亡。若参床湿度大，在病部表面常出现一层灰白色霉状物。

二、病原

该病病原为德巴利腐霉（*Pythium debaryanum*），藻状菌纲腐霉目腐霉科腐霉属真菌。在PDA培养基上菌丝体白色棉状，繁茂，菌丝较细，有分枝，无隔膜，直径2～6 μm。孢子囊顶生或间生，球形至近球形（图20-8），或不规则裂片状，直径15～25 μm。成熟后一般不脱落，有时具微小乳突，无色，表面光滑，内含物颗粒状，直径19～23 μm。萌发时芽管顶端膨大成孢子囊，全部内含物通过芽管转移到孢子囊内，不久，在孢子囊内形成游动孢子，数目有30～38个，孢囊破裂后，散出游动孢子。游动孢子肾形，无色，大小为（4～10）μm×（2～5）μm，侧生2根鞭毛，游动不久便休止。卵孢子球形，淡黄色，1个藏卵器内含1个卵孢子，表面光滑，直径10～22 μm。

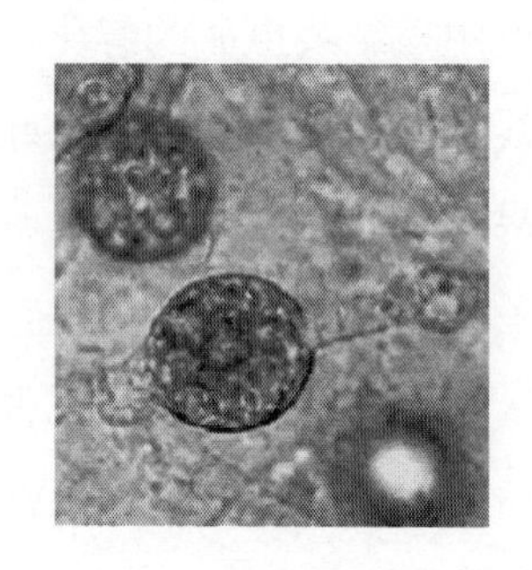

图20-8 德巴利腐霉孢子囊

三、发病规律

病菌的腐生性极强，可在土壤中长期存活。在有机质含量丰富的土壤中，腐霉菌的存活量大。病菌一旦侵入寄主，即在皮层的薄壁细胞组织中很快发展，蔓延到细胞内和细胞间，在病组织上产生孢子囊，释放游动孢子，进行重复侵染。后期又在病组织内形成卵孢子越冬。在土壤中越冬的卵孢子能存活 1 年以上。病菌主要通过风、雨和流水传播。

腐霉菌侵染的最适温度为 15～16 ℃。在低温、高湿、土壤通气不良，苗床植株过密的情况下，对植株生长发育不利，却有利于病菌的生长繁殖及侵染。另外，在参田透水性差，易积水的情况下，亦有利于病害的发生。

四、防治方法

1. 种子消毒

参考立枯病防治技术。

2. 加强田间管理

要求参床排水良好，通风透气，土壤疏松，避免湿度过大。防止参棚漏雨，发现病株立即拔除，并在病区浇灌硫酸铜 500 倍液，或福尔马林 100 倍液。

3. 发病期喷药

在苗床上叶面喷洒波尔多液（1∶1∶180）或 25％甲霜灵可湿性粉剂 800 倍液、65％代森铵可湿性粉剂 500 倍液、40％乙磷铝可湿性粉 300 倍液等药剂。

第七节　人参锈腐病

一、症状

人参锈腐病主要为害人参的根、地下茎、越冬芽。参根受害，初期在侵染点出现黄色至黄褐色小点，逐渐扩大为近圆形、椭圆形或不规则形的锈褐色病斑。病斑边缘稍隆起，中部微陷，病健部界线分明。发病轻时，表皮完好，也不侵及参根内部组织，仅病斑表皮下几层细胞发病。

严重时，不仅破坏表皮，且深入根内组织，病斑处积聚大量锈粉状物，呈干腐状，停止发展后则形成愈伤的疤痕（图20-9）。有时病组织横向扩展绕根一周，使根的健康部分被分为上下两截。如病情继续发展并同时感染镰刀菌等，则可深入到参根的深层组织，导致软腐，使侧根甚至主根横向烂掉。一般地上部无明显症状，发病重时，地上部表现植株矮小，叶片不展，呈红褐色，最终可枯萎死亡。病菌侵染芦头时，可向上、下发展，导致地下茎发病倒伏死亡。如地下茎不被侵染，则地上部叶片也不会萎蔫，但生长发育迟缓，植

图20-9　人参锈腐病症状

株矮小，影响展叶，叶片自边缘开始变红色或黄色。越冬芽受害后，出现黄褐色病斑，重者往往在地下腐烂，不能出苗（图 20－10）。

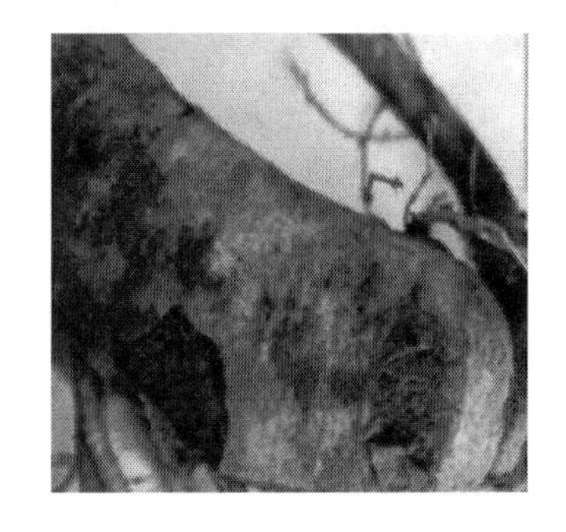

图 20－10　人参锈腐病（局部）

二、病原

该病病原为 4 种柱孢属真菌：*Cylindrocarpon destructans*，*C. panacis*，*C. obtusisporum*，*C. panicicola*。属于半知菌亚门丝孢纲丝孢目。4 类致病锈腐菌中，*C. destructans* 和 *C. panacis* 的致病性较强，而其余 2 种的致病性较弱（图 20－11）。

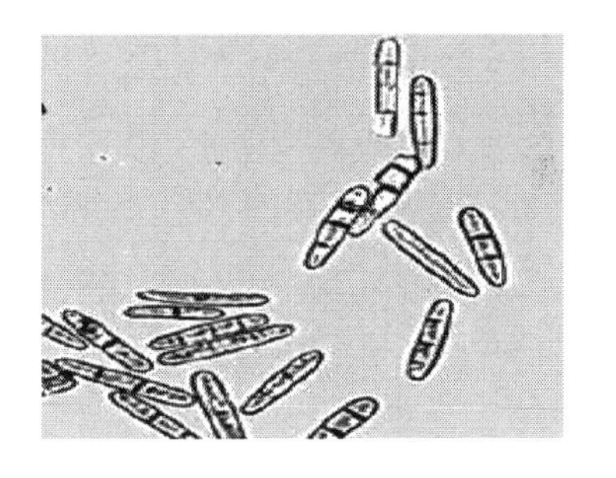

图 20－11　人参锈腐病病原

气生菌丝繁茂，初白色，后变褐色，产生大量厚垣孢子；厚垣孢子球形，黄褐色，间生、串生或结节状。分生孢子单生或聚生，圆柱形或长圆柱形，无色，透明，单孢或 1～3 个隔膜，少数可达 4～6 个，孢子正直或稍弯。锈腐病病菌为弱寄生，虽然普遍存在于土壤中，但因其生长缓慢，不易自土壤分离，须用特殊培养基方可测定土壤含菌量，在参根病部则很容易分离到病菌。病菌生长最适温度为 22～24 ℃，低于 13 ℃或高于 28 ℃则生长明显减弱。锈腐病病菌只侵染人参、西洋参，不侵染黄瓜、南瓜、小萝卜和胡萝卜等作物。

三、发病规律

病菌可在土壤中长期存活，为土壤习居菌。参根在整个生育期内均可被侵染为害。主要以菌丝体和厚垣孢子在宿根和土壤中越冬。一旦条件适宜，即可从损伤部位侵入参根。随带病的种苗、病残体、土壤、昆虫及人工操作等传播。

参根内都普遍带有潜伏的锈腐病病菌，带菌率随根龄的增长而提高，参龄愈大发病愈重。当参根生长衰弱，抗病力下降，土壤条件有利于发病时，潜伏的病菌就扩展、致病。土壤黏重、板结、积水、酸性土及土壤肥力不足会使参根生长不良，有利于锈腐病的发生。锈腐病病菌的侵染对环境条件的要求不严格，自早春出苗至秋季地上部植株枯萎，整个生育期均可侵染，但侵染及发病盛期在土温 15 ℃以上。一般于 5 月初开始发病，6～7 月为发病盛期，8～9 月病害停止扩展。

四、防治方法

1. 加强栽培管理

认真选择栽参地。选高燥、通气、透水性良好的森林土。栽参前要使土壤经过 1 年以上的熟化，精细整地作床，清除树根等杂物。实行 2 年制移栽，改秋栽为春栽，移栽时施入鹿粪等有机肥，对病害防治效果明显。

2. 精选参苗及药剂处理

移栽参苗要严格挑选无病、无伤的种栽，以减少侵染机会。参苗可用 50%禾穗胺可湿性粉剂 600 倍液于栽参前浸根 20 min，或 70%代森锰锌可湿性粉剂 600～800 倍液浸根12 h，可减轻病害的发生。

3. 土壤处理

播种或移栽前用 50%多菌灵可湿性粉剂 10～15 g/m^2 土壤消毒。

4. 清除病株及消毒

发现病株及时挖掉，用生石灰对病穴周围的土进行消毒，发病期用 50%多菌灵可湿性粉剂或 50%甲基硫菌灵可湿性粉剂 500 倍液浇灌病穴，可在一定范围内抑制病菌的蔓延。

5. 生物防治

应用 5406 菌肥，可达到防病增产的作用。栽参时施入哈茨木霉制剂对锈腐病有较好防效。

第八节 人参细菌性软腐病

一、症状

主要为害根部。根部病斑褐色，软腐状，边缘清晰，圆形至不规则形，由小到大，数个联合，最后使整个参根软腐。用手挤压病斑，有糊状物溢出，具浓重的刺激性气味。病情严重时，整个参根组织解体，只剩下参根表皮的空壳。叶片受害，边缘变黄，并微微向上卷曲，叶片上出现棕黄色或红色斑点，呈不规则状。严重时，全叶片呈现紫红色，最后叶片萎蔫。萎蔫由可恢复性发展为不可恢复性（图 20－12、图 20－13）。

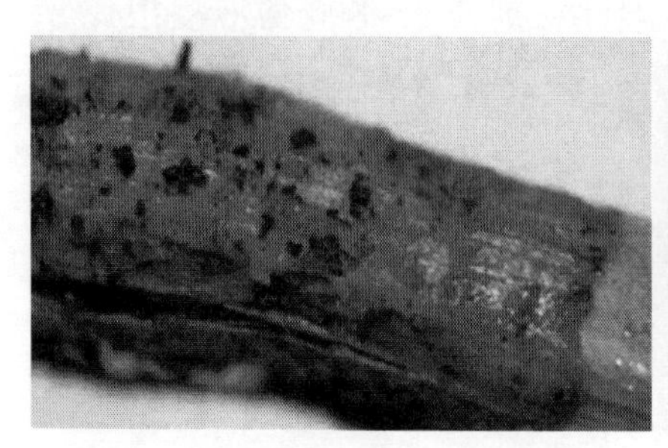

图 20－12　人参细菌性软腐病局部

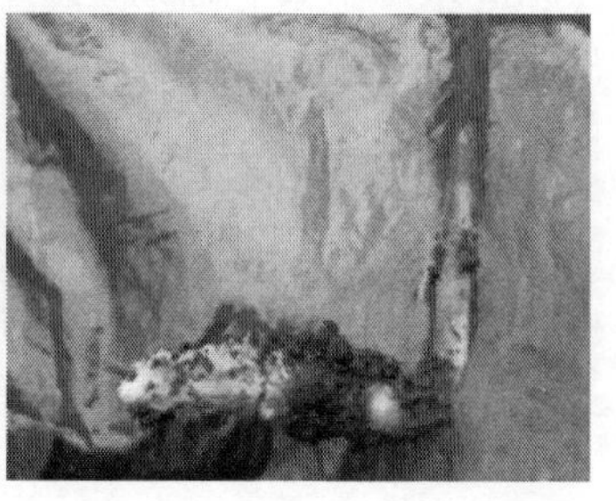

图 20－13　人参细菌性软腐病

二、病原

该病病原有以下 3 种。

1. 石竹假单胞杆菌（*Pseudomonas caryophylli*）

菌体杆状，无荚膜，极生鞭毛，大小为（0.74～0.76）μm×（1.4～1.5）μm。革兰氏染色阴性。在普通细菌培养基上，菌落呈突起状，圆形，灰白色，有光泽，不透明，边缘整齐。此菌田间发病率不高，为 2%～5%，严重达 10%。

2. 胡萝卜软腐欧文氏菌胡萝卜软腐亚种（*Erwinia carotovora* subsp. *carotovora*）

菌体短杆状，周生鞭毛，无芽孢，大小为 0.6 μm×1.1 μm。

革兰氏染色阴性。在普通细菌培养基上，形成圆形或不规则形菌落，污白色，稍突起，表面光滑。此菌分离出现率约 20％。

3. 胡萝卜软腐欧文氏菌黑茎亚种（*Erwinia carotovora* subsp. *atroseptica*）

菌体短杆状，无荚膜，无芽孢，周生鞭毛多根，大小为 0.67 μm×1.67 μm。革兰氏染色阴性。培养形状与胡萝卜软腐欧文氏菌胡萝卜软腐亚种相似，菌落灰白色，边缘整齐。此菌分离出现率约 80％。

三、发病规律

上述病菌大量存在于土壤中，因此土壤是病菌的越冬场所和初侵染源。主要通过伤口侵入参根。

当参根生长健壮、抗病力强时，病菌就处于潜伏状态。当参根生长衰弱、生长条件不适，出现虫伤、冻伤等各种伤口时，细菌侵入发病。

四、防治方法

1. 防止伤根

移栽时防止参根受伤，不使用带伤口的种栽。

2. 加强栽培管理

选择高燥地块作床，防止土壤板结、积水。冬季注意防寒保护，防治地下害虫，减少伤口。

3. 药剂浇灌

用链霉素浇灌或用30%琥胶肥酸铜悬浮剂600倍液浇灌参床，可减轻为害。

第二十一章 三七土传病害

三七（*Panax notoginseng*）是我国传统名贵中药材（图 21－1），俗称田七、田三七、血参、金不换等，属于伞形目五加科人参属，是一种多年生宿根草本植物，属于中国特有物种，起源于 2 500 万年前，具有较为悠久的历史。三七属于亚热带高山喜半阴潮湿植物，适应能力相对较弱，生态幅范围较为狭窄，主要分布在海拔 1 200～2 200 m、北纬 23.5° 东经 104°的中高海拔地区。90%以上的三七主要种植在云南文山，小部分种植在广西、广东等地区。三七植株高在 50 cm 左右，茎属直立光滑型，其生长需要的土层不厚，块根横卧在表层土壤中。三七块根的质地较为坚硬，大多长成纺锤形、圆锥形或萝卜形，长约 5 cm，直径约 3 cm。通常一年生三七称为“籽条”，不开花，也没有生殖生长期；当三七生长两年及以上后，每个生长周期都会出现营养生长高峰期（4～6 月）和生殖生长高

图 21－1　三七块根

峰期（8～10 月）两个生长周期。

三七既有人参的功效（滋补强壮、抗疲劳、耐缺氧、降血糖、降血脂），又具有自己独特的药效，如止血消肿、活血化瘀、镇痛消炎、抗血栓、消除氧自由基、降血脂、增强免疫力、抗炎、抗纤维化、抗肿瘤、保护心肌细胞和脑组织等。目前研究表明，三七不仅可以外敷，还可以内服，对人体的血液循环系统、中枢神经系统、免疫系统都具有一定的功效。对于治疗血液系统疾病来说，三七素具有补血、止血作用。三七总皂苷（PNS）能够补血、活血化瘀；对于心脑血管系统，PNS 能够起到保护心肌，降血脂和血黏稠度，防止动脉硬化，防止血栓形成等作用。对于中枢神经系统疾病，三七皂苷类具有抗炎、镇静作用，还具有增强免疫力、抗肿瘤、抗纤维化等作用。三七集止血、活血、补血等功能，是一味良好的中药材。

三七常见病害有根腐病、立枯病、根结线虫病、疫病、猝倒病、黑斑病、炭疽病、白粉病、灰霉病、圆斑病等。

第一节　三七根腐病

目前，野生三七已十分罕见，大力开展人工栽培和集约化栽培已成为解决国内外对三七需求日益增长问题的重要途径。三七生长环境独特（性喜温暖阴湿）和生长期长（一般 3 年以上），病害问题严重，其中，根腐病最为突出，严重制约了三七种植产业的发展。根腐病常年发病率在 5%～20%，严重地区损失在 70%以上，甚至绝收。

一、症状

目前发现的三七根腐病症状主要有6种，它们分别是黄腐型、急性青枯型、髓烂型、干裂型、茎基干枯型、湿腐型。黄腐型表现为地上部植株矮小，叶片随着病害的发生逐渐变黄，根部发病初期尖端受害较多，发病根部呈现出黄色并逐渐干腐，一般会见到纤维状残留物，发病过程持续时间较长。急性青枯型也称为绿腐型，地上部植株短时间内萎蔫，叶片表现为绿色下垂，块根通常会有大量滴状菌脓渗出，清洗病根表面，会看到蜂窝状块根，一般地上部表现出该症状几天后植株死亡。髓烂型主要为内部髓组织首先呈现干腐状腐烂，外表皮一般比较完整，病变部位呈现红褐色。干裂型表现为块根表面呈现黄褐色，一般从块根末端沿块根纵向开裂腐烂，部分维管束呈现褐色并逐渐干腐呈空洞状。茎基干枯型病症表现为离地表最近的茎秆部位干枯，进而扩展至块根并导致块根腐烂。湿腐型发病过程与茎基干枯型相似，都是由地上部基部先发病再扩展至根部，不同点是湿腐型发病起始部位并不完全是茎基部位，并且导致的块根腐烂症状为湿腐状（图21－2）。综合六种三七根腐病症状，其中黄腐型和急性青枯型病症最为常见。

二、病原

该病病原为尖孢镰刀菌、茄病镰刀菌和链格孢菌（*Alter-*

图 21-2　三七根腐病

naria alternata)。此外，*Cylindrocarpon destructans* 和 *C. didynum* 也可引起三七根腐病（图 21-3）。

链格孢菌属菌落呈黑色的棉绒状，菌丝灰色至黑色，生长迅速；分生孢子串生，倒棒状，褐色，具有横隔膜 1～7 个，横隔膜处缢缩。

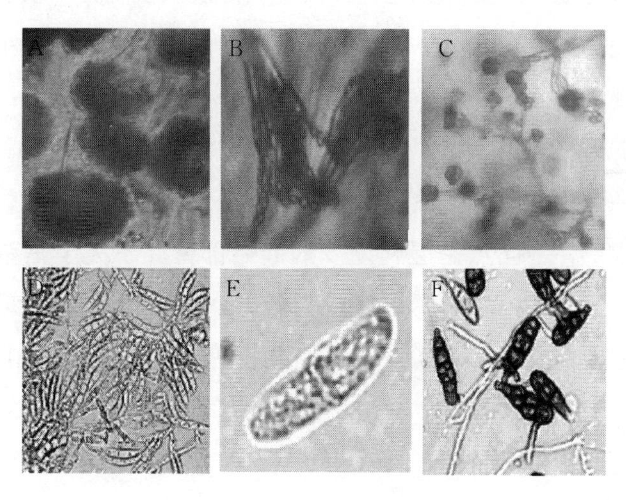

图 21-3　三七根腐病病菌

A. 曲霉　B. 青霉　C. 木霉　D. 镰刀菌一　E. 镰刀菌二　F. 链格孢菌

三、发病规律

三七根腐病的发生与环境条件和栽培管理措施有着密切的联系，当相对湿度大于80%，气温达到20℃时，容易发生根腐病，且蔓延速度较快，强降水也会促进根腐病的发生扩展。此外，透光率的增加，土壤连作，氮、磷、钾肥的施用量以及田间管理水平都严重影响着三七病害的发生和扩展。受海拔高度的影响，三七在海拔高的地方病害会有所缓解，海拔低的地方病害则加重。而土壤状况、地势、苗棵长势、轮作年限、前茬作物等生态因子也与病害的发生密切相关。单一施用氮肥可引发根腐病发生，而过量施肥亦可加重根腐病的发生。土壤中的原核微生物种群也可导致三七根腐病的发生。

四、防治方法

三七根腐病的防治，应遵循“预防为主，综合防治”的植保方针，在病害发生前，加强植物检疫和预测预报，采取农业防治措施和物理防治措施，创造有利于三七生长的环境条件，提高三七抗病能力。当病害发生时，我们应当尽量使用高效、低毒、无残留的生物或化学农药，甚至应当做到少用或不用化学农药。制造不利于各种有害病原物侵染、传播的环境条件，并结合生物和化学防治等多种防治措施控制病害的发生、蔓延，减少三七生产的经济损失。

1. 农业防治

通过合理布局，加强田间管理等措施使三七的抗病能力得以增强，改进三七的生理状态和环境条件，使之不利于三七病害的发生。

（1）培育和选择具有抗病、抗虫的种子或者种苗。并从三、四年生无病虫害的健康三七植株中挑选母株留种。

（2）深翻错沟，实行轮作。在三七的栽培过程中，合理轮作有利于缓解土壤养分比例失调的问题，促进三七植株的健康生长。三七轮作作物以玉米、陆稻为好，且轮作年限需在8年以上。

（3）选地、整地，剔除杂草，清除病残体。三七是多年生宿根性作物，病菌在土壤中残留，将会引起翌年三七植株发病率的增加。因三七镰刀菌致病力很强，水滴也可传染病菌，所以冲洗病部的水应及时作为废水处理，不能再次浇灌三七或配药用。应及时清除三七的病株、病根，用石灰或药剂对病穴进行消毒清理。

（4）加大田间管理，实施植株健康管理栽培措施。防止土壤忽干忽湿，旱季抗旱浇水，雨季需及时排水，追施腐熟发酵的有机肥料或无机肥料，调节土壤的酸碱度等，将有利于土壤有益菌的生长，改变土壤的理化性质，保护三七根部健康茁壮。

2. 生物防治

防治和治理三七根腐病，不能只从治理常见病害或者单一的施入氮、磷、钾肥入手。“以菌治菌”的生物防治手段已发展成为一种新的思路，应用于解决各种作物连作障碍当中。

（1）生防种子包衣剂。通过用拮抗微生物做成种子包衣的形式，施加于种子表面，对种子形成一种天然的保护机制，使种子在发芽和幼苗生长阶段能够快速吸收到营养并防止土传病害的侵染。三七种子进行生防包衣处理减轻了三七病害的发生。

（2）生物菌剂的防治。利用草木灰和EM菌肥结合使用，对缓解三七连作障碍，促进三七根部健康生长有明显作用。根腐净（微生物菌剂，低毒）固剂拌种（苗）、BH1菌剂、ARF-907制剂与土壤熏蒸剂配套使用，可控制苗期根腐，促进植株健康生长，提高三七产量及质量。三七根腐病的防治仅靠生物防治技术不容易获得成功，应重视多种措施相配合。

3. 化学防治

三七田遭遇严重根腐病为害时，根据病害发生的时间及为害特点的不同，合理选择高效、低毒、低残留的药剂来防治病害。目前，化学农药仍在三七根腐病防治中占主要地位，其优点是使用方便、见效快。

（1）土壤熏蒸。用98%棉隆粉剂熏蒸土壤，对一年生三七根腐病有较好的防治效果。棉隆和钾-威百两种有机硫熏蒸剂对三七土壤中的几种主要有害生物类群如线虫、细菌、真菌、杂草等均有良好的灭杀效果，可有效杀灭和抑制三七连作土壤中的微生物病菌。用杀菌剂多菌灵、噻枯唑、福美双等按一定比例混配拌种、拌苗，并使用98%棉隆可湿性粉剂对土壤进行熏蒸处理，对三七根腐病具有明显的防治作用，且对苗期立枯病、猝倒病等也有明显防效。

（2）杀菌剂处理。采用复配剂（50%多菌灵＋50%福美双＋25%甲霜灵·霜霉威＋20%叶枯唑）的相对防效达到70%以上。也可将多菌灵、甲基硫菌灵、腐霉利等杀菌剂在三七栽培过程中轮换使用，可有效防治根腐病的发生。

第二节　三七立枯病

一、症状

三七立枯病为三七苗期的主要病害。立枯病一般发病部位在幼苗茎秆基部，即在距离表土层 3～5 cm 的干湿土交界处。病菌侵入后，感病部位组织软化，茎基部初期呈现黄褐色的凹陷长斑，逐渐深入茎内而腐烂，导致幼苗倒伏死亡（图 21－4）。

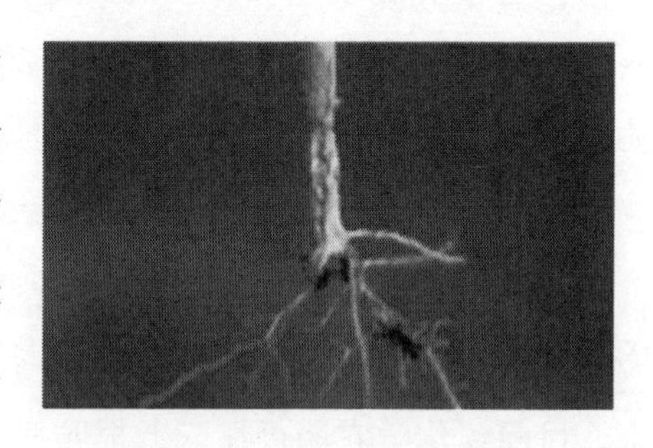

图 21－4　三七立枯病症状

二、病原

该病病原为立枯丝核菌。

三、发病规律

病菌以菌丝体和菌核在病残体和土壤中越冬，菌丝侵入植株后向四周扩散，菌核可随雨水、人事操作进行远距离传播，多发于4～5月低温高湿季节，7月高温干燥发病少，为害幼苗基部。三七种植过密，田间施用未腐熟的肥料或偏施化肥，病害加重发生。

四、药剂

在播种前，应筛选无病，饱满的种子，同时选择适宜的土地种植，实行轮作制，并对种子和土壤进行消毒；精细整地，厢土需要充分细碎，厢面不能有杂草和石块；出苗后，应合理施肥和灌溉，保持土壤湿度在25%～30%为宜；勤检查，开始发现病株时要及时清除，并撒石灰粉加以消毒。目前多数使用的化学药剂是70%甲基硫菌灵可湿性粉剂500倍液、58%腐霉利可湿性粉剂1 000～1 200倍液或甲霜灵可湿性粉剂600～800倍液。也可用30%土菌灵1 000倍液，或1∶1∶150波尔多液封锁病区，控制病情。

第三节　三七根结线虫病

根结线虫病是世界性威胁农作物生产较为重要的病原物，

具有寄主广、致病性强、繁殖快、易传播扩散等特性，加之根结线虫的侵染造成的伤口有利于病菌的再次侵染，加重了对作物的为害。

一、症状

三七根结线虫病主要为害三七根部。三七根部被根结线虫侵入后，根部的细胞受到线虫刺激后，在根上形成大小不等的根结，主根或侧根均可产生畸变，之后形成瘤，小的 1～2 mm，大的可使整个根系变成 1 个瘤状物，这些表现为该病害的主要症状。由于根系受到寄生根结线虫的破坏，其正常机能受到影响，病根发育不良，明显比健康三七根干瘪和粗糙（图 21－5）。在一般发病的情况下，地上部无明显症状，但随着根系受害逐渐变得严重，使地上部植株生长迟缓，叶片发黄，无光泽，叶缘卷曲，呈缺水缺肥状，花少，早落。

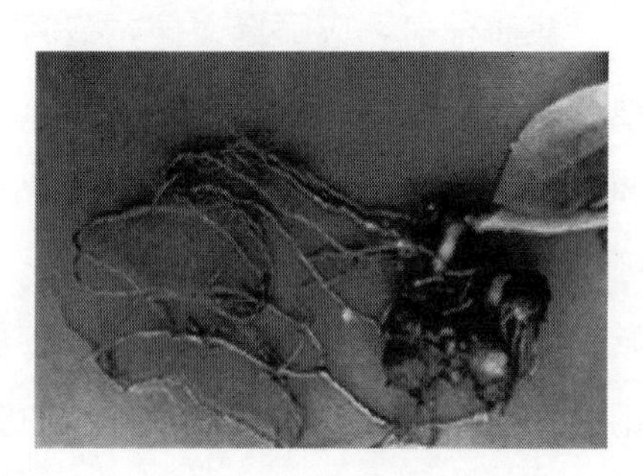

图 21－5　三七根结线虫病

二、病原

该病病原为北方根结线虫。

三、发病规律

根结线虫在土壤中活动范围很小，一年内移动距离不超过1 m。因此，初侵染源主要是病土、病苗及灌溉水。线虫远距离的移动和传播活动，通常是借助流水、风和农机具沾带的病残体和病土、带病的种子和其他营养材料以及各项农事活动完成。

土壤湿度是影响孵化和繁殖的重要条件，雨季有利于根结线虫的孵化和侵染，但在干燥或过湿土壤中，其活动受到抑制。适宜土壤 pH 4～8，地势高、土壤质地疏松、盐分低的条件适宜线虫活动，有利于发病，一般沙土较黏土发病重，连作地发病重。

四、防治方法

1. 整地

保护地前茬收获后及时清除病残体，集中烧毁，深翻50 cm，起高垄 30 cm，沟内淹水，覆盖地膜，密闭棚室15～20 d，经夏季高温和水淹，防效在 90%以上。

2. 保护地消毒

棚室用液氨熏蒸，每 667 m^2 用液氨 30～60 kg，于播种或定植前用机械施入土中，经 6～7 d 后深翻并通风，把氨气放出 2～3 d 后再播种或定植。

3. 轮作

发病重的棚室应与葱、蒜、韭菜、水生蔬菜或禾本科作物等进行 2～3 年轮作。

4. 化学防治

必要时选用 3%异丙基三唑硫磷颗粒剂，每 667 m^2 用量 1.5～2.0 kg，或滴滴混剂，每 667 m^2 用量 40 kg，于定植前 15 d，撒施在开好的沟里，覆土、压实，定植前 2～3 d 开沟放气，防止产生药害，此外也可用 95%棉隆，每 667 m^2 用量 3～5 kg。但要注意防止产生药害和毒害。

第四节　三七疫病

一、症状

1. 叶部受害

多沿叶尖或叶缘开始出现水渍状无边缘病斑，最后软腐披垂，若遇持续降雨时可在病健交界处看到稀薄的霉状物，即病菌的孢子囊梗和孢子囊。

2. 茎秆受害

（1）三七种苗一般以茎基部受害居多，病部呈水渍状缢缩而呈“猝倒”，不易看到霉层，田间发生时一般具发病中心，有时还引起三七种子的种腐，七农称之为“烂塘”。

（2）二、三年生三七茎秆、花轴受害时，病部水渍状缢缩，茎秆顶部受害时往往造成扭折，七农称为“扭鸡腿”“扭花”，可以看到病部附有较薄的霉状物，但天气干燥时霉层极不明显。

3. 地下部受害

植株地上部呈青枯状，即植株表现出急性萎蔫。疫病可以为害芦头和根系，发病组织均为水渍状，芦头（芽部或“羊肠头”部位）部位受害时，病部失水缢缩。块根受害时，病菌一般由三七块根的表皮侵入，引起内部组织失水缢缩，后期病部吸水膨胀，发病块根表皮易于脱落，进而腐烂（图 21－6）。在此过程中会伴随有细菌的第二次侵入，加速病部腐烂，出现菌脓，同时伴随有恶臭味。将发病组织于 600 倍显微镜下观察时，可看到病菌的无隔菌丝。

图 21－6　三七疫病

二、病原

该病病原为卵菌纲疫霉属的恶疫霉。

病菌在 CA 固体培养基上都具有相同的特性，初生菌丝为无色，菌落呈多角形放射状，菌丝沿培养基生长，几乎看不到气生菌丝。菌丝形态简单，粗细均匀，生长中前期无隔，老熟后偶尔可看见隔膜，分枝较少，粗 3～6 μm，在培养过程中未见菌丝膨大体，未发现厚垣孢子。藏卵器在 CA 培养基上能大量产生，球形，直径 23～35 μm；雄器近球形或不规则形，侧生，大小（5.5～14.5）μm×（6.0～13.0）μm。成熟的卵孢子球形，浅黄褐色，直径 11～32.5 μm，壁厚 2.7～4.5 μm，近满器。在液体培养基培养后用土壤浸出液培养易获得大量的孢子囊，孢子囊梗简单合轴分枝，粗 2.0～2.5 μm。孢子囊顶生，球形和卵形，基部圆形，大小（29～59）μm×（24～40）μm，平均直径 43.1～33.2 μm，长宽比值为 1.32～1.5，平均 1.41，具有 1 个明显的乳突，高（4.0±0.5）μm。孢子囊成熟后易脱落，孢子囊柄短，长 1.5～4.2 μm；游动孢子肾形，大小（9～12）μm×（7～11）μm，鞭毛长 21～11 μm。休止孢子球形，直径 9～12 μm（图 21－7）。

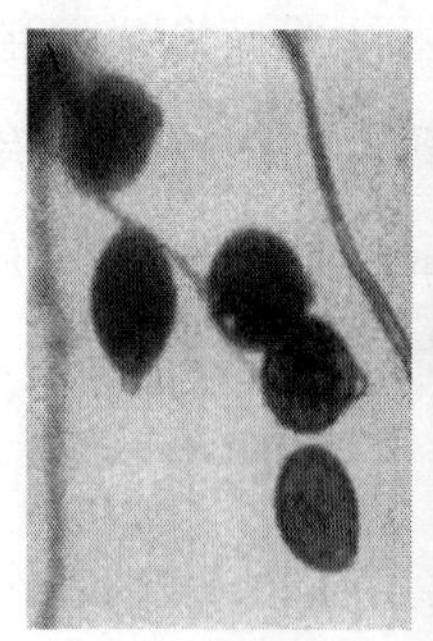
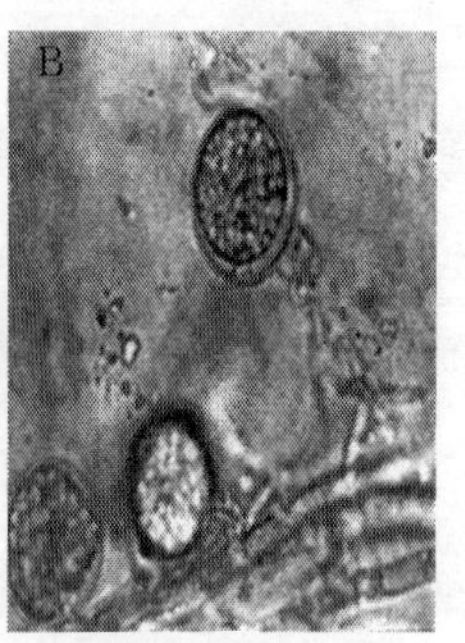

图 21－7　三七疫霉病菌

A. 孢子囊顶生　B. 卵孢子

三、发病规律

病菌以菌丝和卵孢子在病残体、土壤中越冬，翌年条件合适时，以菌丝体直接侵染根或形成大孢子囊和游动孢子传播到地面上引起发病。风雨和人的农事操作是病害传播的主要方式。此病常在多雨季节发生，一般早春阴雨或晚秋低温多雨均易诱发此病。苗床通风透光不好，土壤板结，植株密度过大都有利于此病的发生和蔓延。

四、防治方法

1. 农业防治

在三七生产过程中，可以通过栽培措施，在前作采收后及时翻犁，并增加翻犁次数和延长晒垡时间，从而减少土壤中的病菌数量。还应根据三七的喜钾特点合理搭配氮、磷、钾比例，尽量不使用硝态氮肥，以降低三七疫病的发生概率。

2. 化学防治

三七疫病药剂防治：每 667 m^2 用 50%王铜・甲霜灵可湿性粉剂（低毒）100～125 g 喷雾；或每 667 m^2 用 58%锰锌・甲霜灵可湿性粉剂（低毒）150～188 g 喷雾；或每 667 m^2 用 30%烯酰・甲霜灵水分散粒剂（低毒）67～100 g 喷雾；或每 667 m^2 用 722 g/L 霜霉威盐酸盐水剂（低毒）60～100 mL 喷雾；或每 667 m^2 用 52.5%噁酮・霜脲氰水分散粒剂（低毒）23～35 g 喷雾；或每 667 m^2 用 50%烯酰吗啉可湿性粉剂（低毒）33～73 g 喷雾；或每 667 m^2 用 81%甲霜・百菌清可湿性粉剂（低毒）100～120 g 喷雾；或每 667 m^2 用 72%霜脲・锰锌可湿性粉剂（低毒）125～167 g 喷雾；或每 667 m^2 用 68%精甲霜・锰锌水分散粒剂（低毒）100～120 g 喷雾；或每 667 m^2用 250 g/L 嘧菌酯悬浮剂（低毒）48～90 mL 喷雾。

第二十二章 山药土传病害

山药（*Dioscorea oppositifolia* ）是传统的中药材，具有降血糖、增强免疫力等药效，而且是滋补和食用的佳肴，是我国传统的药食同源植物（图 22 - 1）。山药中营养丰富，不仅含有大量淀粉、葡萄糖及蛋白质，而且还含有粗蛋白、氨基酸、维生素、胆汁碱和尿囊素。山药还含有碘、钙、铁、磷等人体不可缺少的微量元素。其中多糖类化合物具有广泛的生物活性，由葡萄糖、甘露糖、半乳糖、阿拉伯糖和木糖组成。山药中的山药多糖具有降低血糖、提高免疫力、生津益肺、防止高血脂和防止衰老的功能。

图 22 - 1　山药植株

山药常见病害有根腐病、根结线虫病、红斑病、炭疽病、褐斑病、白锈病、茎腐病、疫病等。

第一节 山药根腐病

一、症状

山药根腐病在发病初期呈水渍状，后呈浅褐至深褐色腐烂，病部不缢缩，其维管束变褐色，严重时全根腐烂（图 22－2）。

图 22－2 山药根腐病田间发病情况

二、病原

山药根腐病病原为茄病镰刀菌（图 22－3、图 22－4）。

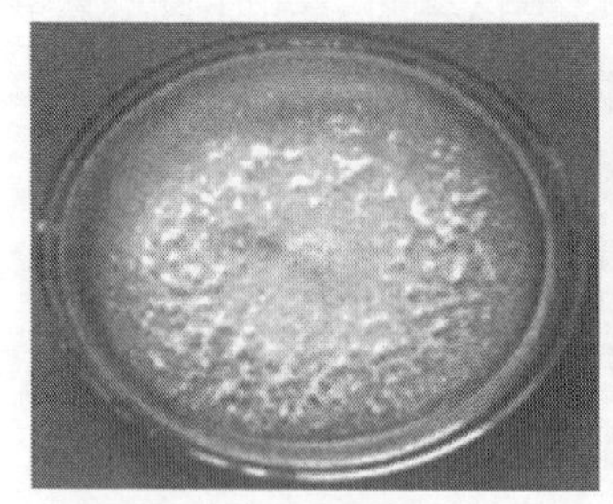

F2菌落正面

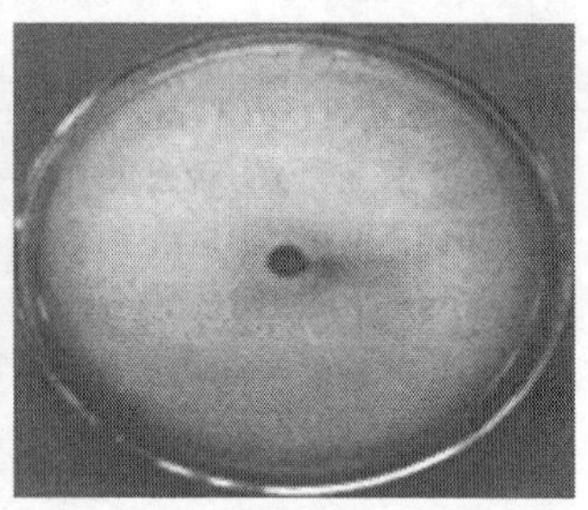

F2菌落背面

图 22－3　山药根腐病病菌菌落

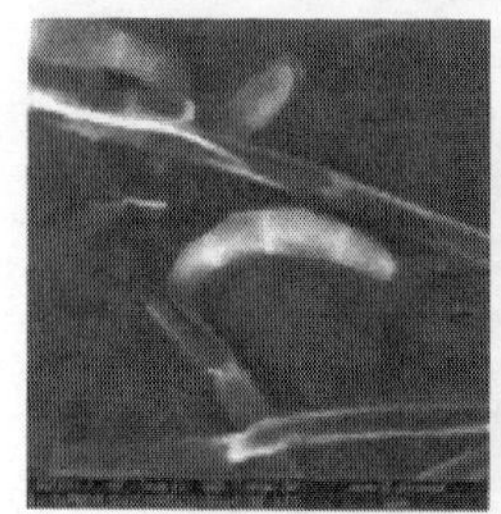

F2大型分生孢子

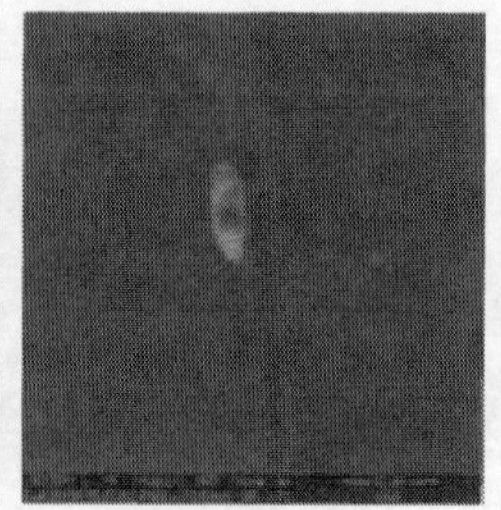

F2小型分生孢子

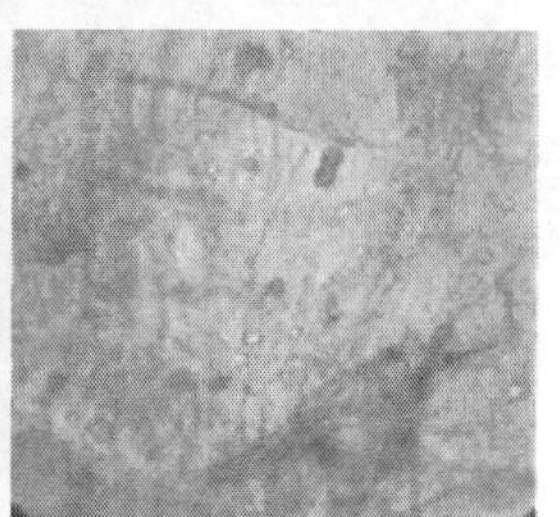

F2厚垣孢子

图 22－4　山药根腐病病菌孢子

三、发病规律

造成山药根腐病的原因有很多，种植密度过大，株行距太小，尤其在7～8月时茎叶茂盛，通透性不佳，在湿度较大时极易发生病害。连作导致土壤病菌积累较多，或者根结线虫发生较严重，也会诱发根腐病。在施肥时施入未腐熟的农家肥或者有机肥，肥料中带有的病菌进入到田间，也会引发根腐病。

或者种植时选择黏重的土壤，透气透水性较差，也极易感染病害。7～8 月降水量较大，在地势低洼易积水或者排水不良的地块种植时，湿度较大，也易发病。

四、防治方法

1. 注意轮作

山药要与玉米、小麦、萝卜、西瓜等作物 3 年轮作 1 次。常年栽培山药的老区，应 1 年轮作 1 次，有条件的可实行水旱轮作。

2. 认真整田

选择地势高、湿度低、肥沃疏松土壤播种。秋季整地时，将遗留地表的病残体翻入土中。同时要利用自然条件，初冬季翻耕土壤、冬季冰冻、春季日晒，使部分病原物失去活力。

3. 清除田间病残体

山药收获时，尽可能将遗留病残体、杂草、腐烂茎集中烧毁，或带出田外深埋，减少田间病原物。适当密植，加强整枝，改善通透风光性。春夏季注意排水，降低田间湿度。增施腐熟有机肥，有效增加土壤的透气性、疏松度，减少根腐病。

4. 化学防治

使用 350 g/L 精甲・霜灵种子处理乳剂（低毒）1∶(1 250～2 500)（药种比），于播种前拌种使用。拌种应均匀，处理后的种子应在阴干后及时播种。硫酸钙铜超微粉剂 400 倍液、多菌灵·福美双600倍液对山药根腐病和死秧的防治效果较好。

第二节　山药根结线虫病

山药根结线虫病是山药的重要病害。山药受害后可减产24%～40%，严重者可减产60%～80%，甚至块茎完全不能食用。由于连年种植，山药根结线虫病的发生呈上升趋势，田间发病率一般为30%～80%，严重达100%，减产20%～50%，直接制约着山药产量和品质的提高。

一、症状

山药根结线虫主要为害山药的根系和块茎。受害植株，前期地上部藤蔓一般没有明显的症状，中后期藤蔓生长衰弱，叶色淡，叶片小，严重时叶片枯黄脱落。山药地下块茎感染根结线虫病后，山药表面暗褐色，无光泽，多数畸形，在线虫侵入点周围肿胀、突起，形成许多大小不等的馒头状的瘤状物，严重时多个病瘤相互愈合、重叠形成疙瘩，在疙瘩上产生少量粗短的白根；后期表皮组织腐烂，内部组织变深褐色，由于其他微生物的侵染而导致块茎腐烂，似朽木，完全失去山药的商品价值，造成很大的经济损失。根系受害，在块茎的细根上产生如米粒大小的根结，解剖镜检，病部可见乳白色的鸭梨状雌成虫和不同龄期的幼虫。

二、病原

该病病原为根结线虫属的多种根结线虫的混合群体。其中主要为花生根结线虫、南方根结线虫和爪哇根结线虫。3种线虫以花生根结线虫居多。

三、发病规律

病原线虫以卵在病残组织中越冬。带病土壤和带病繁殖材料种嘴（山药嘴子，又称山药栽子）、零余子（山药豆）等是其主要初侵染源。春天当平均地温达10 ℃以上时，线虫卵开始发育，在卵壳内形成一龄幼虫。山药栽植后，从卵中孵化出二龄幼虫，并侵入山药幼根，引起组织过度生长而形成瘤状物。幼虫在瘤内生长，最后变成成虫。成虫发育最适温度为22～27 ℃，发病最适宜的土壤相对湿度为60%～70%。病原线虫1年发生4代，以夏季的历期较短。在山药生长季节可重复侵染。病原线虫在土壤内集中分布在5～30 cm土层内，最深可达80 cm。借生产工具、人、畜、农事活动、地面流水可进行近距离传播；借带病种嘴及混有病残体的粪肥可进行远距离传播。

四、防治方法

1. 选用抗病品种

在田间自然条件下，不同品种间山药根结线虫病发生程度存在显著差异。因此，选用优质、高产、抗病的佛手山药等品种可减轻山药根结线虫的为害。

2. 合理轮作换茬

轮作换茬能显著减少土壤中的线虫量。与玉米、棉花等非寄主作物轮作（最好 3 年以上）是一项简便易行的防治措施。

3. 选用无病山药种植

选用无病山药种嘴、零余子、山药段子种植，可大大减轻山药根结线虫病的发生。精选种嘴比不精选的病田率、病株率和病情指数可分别降低 81.2%、80.2%和 82.7%。

4. 清除病残体

及时、彻底清除病残体，将带病组织带出田外，集中烧毁或深埋，可明显减轻山药根结线虫病的发生。

5. 加强田间管理

多施有机肥，避免施用未经腐熟的有机肥。增施磷、钾肥，适当施用氮肥。保证山药生长过程中良好的肥水供应，遇涝及时排水，旱时浇水不塌沟，使其生长健壮，可减轻山药根结线虫病的发生程度。播前深翻土壤 25 cm 以上，可减轻为害。

6. 化学防治

每公顷用 98%棉隆颗粒剂 90 kg，或 1.8%阿维菌素乳油 7.5 kg，栽植前将药剂掺细土均匀撒入 10 cm 深的沟内，然后连翻两遍，使药剂均匀分布在 30 cm 深的土层内，再覆 1 层薄土，踏实后栽植。

第三节 山药红斑病

一、症状

只为害地下块茎，在块茎上形成近圆形或不规则形、红褐色、稍凹陷的小斑，直径2～4 mm。病斑密集时相互汇合成大片暗褐色斑块，表面有细龟纹。病斑一般深2～3 mm，最深时可达1 cm以上，后期病组织变褐干腐（图22-5、图22-6）。

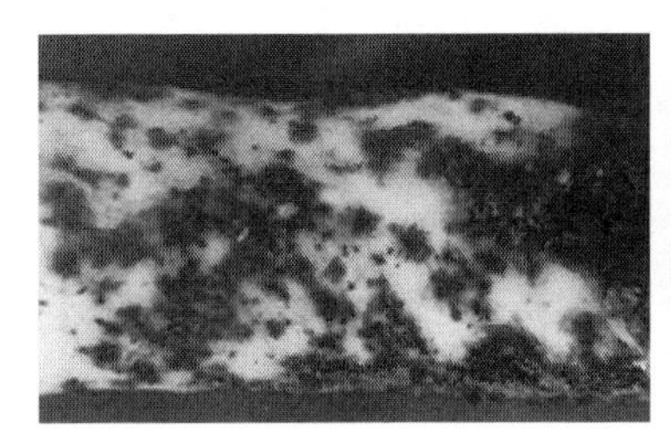

图22-5 山药块茎红斑病外部症状

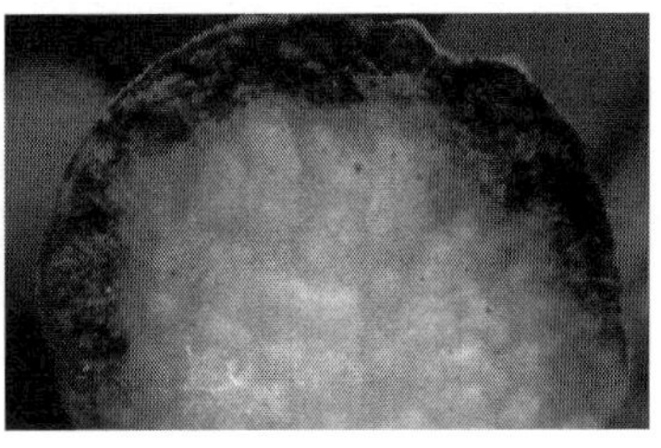

图22-6 山药块茎红斑病内部症状

二、病原

该病病原为薯蓣短体线虫（*Pratylenchus dioscoreae*），属线形动物门线虫纲垫刃目短体线虫属。病原线虫为小型、肥壮、圆筒状，头部粗钝，口针坚实而粗短，尾部钝圆（图22-7）。

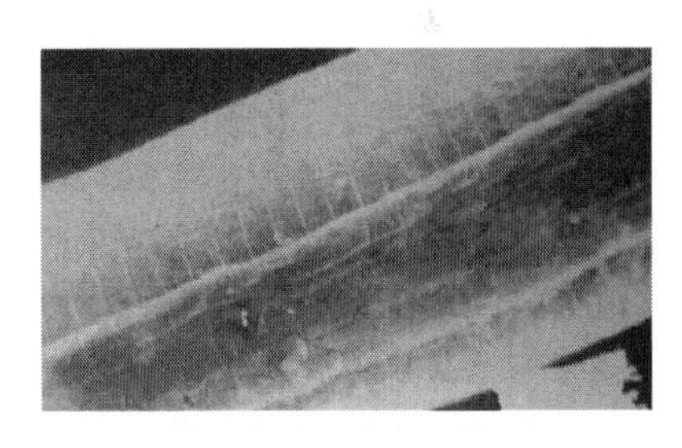

图22-7 山药红斑病病原

三、发病规律

病种秧（芦头）病残体及病田土壤是病害的侵染源，土壤是传病的主要途径。零余子不传病。线虫在土壤中可存活 3 年以上。二龄幼虫在土壤中活动，侵入根内发育成各龄幼虫和成虫，虫态极不整齐。初步观察，一年约发生 2 代。当 6 月上旬山药新块茎开始形成时幼虫即可侵染，随后陆续增加，直至收获为害不断加重。块茎芦头以下 40 cm 处均可受害，但以 0～20 cm 处病斑最多。

四、防治方法

1. 源头控病

在生茬地播种零余子，繁殖无病繁殖材料；或在无病田、轻病田选留繁殖材料。

2. 轮作

与小麦、玉米、甘薯、马铃薯、棉花、烟草、辣椒等不被侵染的作物实行 3 年以上轮作倒茬。

3. 清洁田间

收获后清除田间病残体，清理加工时刮掉的病残皮，且病残组织要深埋，不混入粪肥、不进入田间。

4. 化学防治

在胚芽萌动前放置于 50～55 ℃的温水中浸泡 10 min，上下搅动 2 次，使之受热均匀，捞出后晒干备用，可杀灭表皮病斑内的虫瘿，防治效果可达 90%。其次用适量药土分层撒入种沟内或种茎旁，防治效果可达 75%。再次于山药快速膨大期（8 月中下旬），每667 m^2用 1.8% 阿维菌素 1 000 倍液+淡紫拟青霉随浇水灌于田间防治。

第四节　山药镰刀菌枯萎病

一、症状

主要为害茎基部和地下块根。初在茎基部出现梭形湿腐状的褐色斑块，后病斑向四周扩展，茎基部整个表皮腐烂，致地上部叶片逐渐黄化、脱落，藤蔓迅速枯死，剖开茎基，病部变褐（图 22－8）。块根染病，在皮孔四周产生圆形至不规则形暗褐色病斑，皮孔上的细根及山药块根内部也变褐色干腐，严重的整个山药变细变褐（图 22－9）。贮藏期该病可继续扩展。

图 22－8　山药镰刀菌枯萎病地上部症状

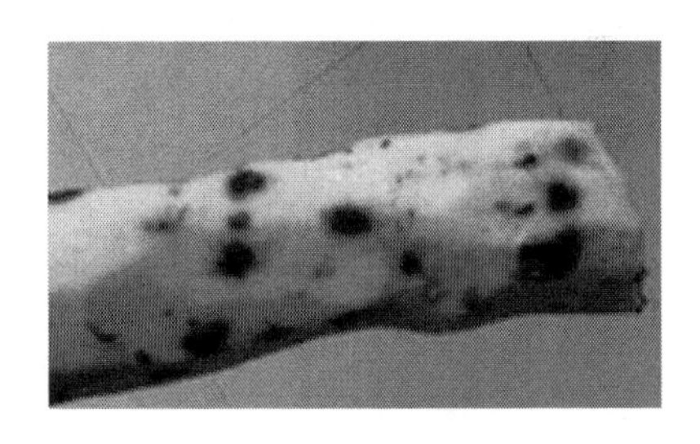

图 22－9　山药镰刀菌枯萎病地下茎症状

二、病原

该病病原为尖孢镰刀菌，属半知菌亚门真菌（图 22-10）。在石竹叶培养基上，气生菌丝茂盛，菌丛反面无色，絮状，小型分生孢子数量多，生在单出瓶梗或较短的分生孢子梗上，肾形、椭圆形至圆筒形，大小 (4～7)μm×(2.5～4)μm；大型分生孢子纺锤形或镰刀形（图 22-10），两端尖，具 3～4 个隔膜，个别 5 个；3 个隔膜的大小 (22～40)μm×(4～5)μm；厚垣孢子球状，具 1～2 个细胞，顶生或间生，单生或双生，偶串生。

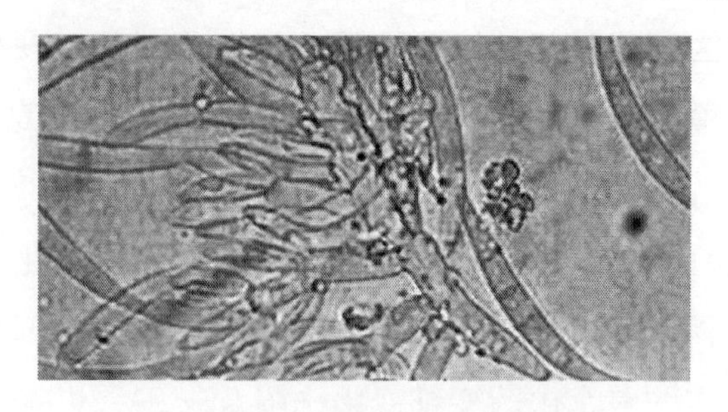

图 22-10　山药镰刀菌枯萎病病原

三、发病规律

病菌在土壤中存活，条件适宜即有发病可能。收获后带有病菌的山药及繁殖用的山药栽子，仍可继续发病，一直延续到翌年 4 月下种。高温阴雨、地势低洼、排水不良、施氮过多、土壤偏酸均有利于发病。

四、防治方法

1. 农业防治

选择无病的山药栽子做种。入窖前在山药栽子的切口处涂1∶50倍式波尔多液预防腐烂。施用日本酵素菌沤制的堆肥。

2. 化学防治

必要时在栽种前用70%代森锰锌可湿性粉剂1 000倍液浸泡山药栽子10～20 min后下种。发病初期喷70%代森锰锌干悬粉500倍液，或6月中旬开始用50%多菌灵可湿性粉剂600～700倍液，或50%苯菌灵可湿性粉剂1 500倍液喷淋茎基部。每隔15 d左右1次，共防治5～6次。

第二十三章 山楂土传病害

山楂（*Crataegus pinnatifida*），又名山里果、山里红，蔷薇科山楂属，落叶乔木，高可达 6 m。核果类水果，核质硬，果肉薄，味微酸涩（图 23－1）。果可生吃或制作果脯、果糕，干制后可入药，是中国特有的药食兼用树种，具有降血脂、降血压、强心、抗心律不齐等作用，同时也是健脾开胃、消食化滞、活血化痰的良药，对胸膈脾满、疝气、血淤、闭经等症有很好的疗效。山楂内的黄酮类化合物牡荆素，是一种抗癌作用较强的药物，其提取物对抑制体内癌细胞生长、增殖和浸润转移均有一定的作用。

图 23－1　山楂果

山楂常见病害有根腐病、立枯病、白绢病、叶斑病、黑星病、花腐病等。

第一节 山楂根腐病

在山楂生产过程中，果农比较重视产量和地上部病虫害的防治，而往往忽视土壤管理、树体保健和根部病害的防治，特别是赤霉素的大量应用，致使山楂树过量负载，造成树体衰弱、根腐、黄叶、死树现象，表现为山楂根腐病。

一、症状

病株局部或全株叶片褪绿、黄化，有些叶小而薄，叶簇生，高温大风天气萎蔫、卷缩，叶片失水青干。病株叶片易黄化脱落，主脉扩展有红褐色晕带。新梢短，果实小。大枝枯死，相对应一侧根腐烂。枝条皮层下陷变褐易剥离，木质部与烂根导管均变褐色。须根先变褐枯死，围绕须根基部产生红褐色圆形病斑，严重时病斑融合，腐烂深达木质部，致整个根变黑死亡（图 23－2）。

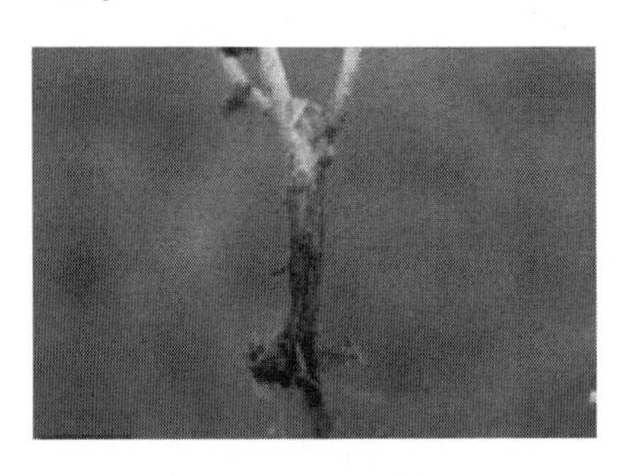

图 23－2　山楂根腐病

二、病原

该病由多种镰刀菌侵染所致，主要有尖孢镰刀菌、茄病镰刀菌和弯角镰刀菌。

三、发病规律

山楂根腐病属真菌病害，病菌在土壤中和病残体上越冬。山楂根腐病整个生长季节均可发生，春秋两季为发病高峰。一般在 3 月下旬至 4 月上旬发病，5 月进入发病盛期。该病复发率较高，潜伏期长，传播快，可以随苗木、灌水等传播蔓延。

其发生与气候条件和栽培管理措施关系密切。当降雨频繁、土壤因积水而含氧量不足时，病菌侵入根部。山楂根系生长衰弱时，树体贮存的营养消耗殆尽时开始发病。单一化肥施用多，排水不良的黏质地，含盐量过大、地下水位太高的果园易患此病；盐碱过重，长期干旱缺肥，水土流失严重，大小年结果现象严重及管理不当的果园发病较重。

四、防治方法

在合理规划、科学建园基础上，加强栽培管理，增强树势，提高抗病力。避免在杨、柳、刺槐等树林附近建园，不用刺槐等做防护林。改善果园排灌设施，防止果园土壤过干或过湿；增施有机肥或使用饼肥，改良土壤结构；调节树体结果量，避免大小年现象出现；肥力差的果园，要多种绿肥压青，采用配方施肥技术。

1. 处理病树

在春、秋两季扒土晾根，刮治病部或截除病根。晾根期间避免树穴内灌入水或被雨淋，晾 7～10 d，刮除病斑后用波尔多液或 5°波美度石硫合剂或 45％晶体石硫合剂 30 倍液灌根；也可在伤口处涂抹 50％的多菌灵 1 000 倍液或 50％的福美双·甲霜灵·稻瘟净可湿性粉剂 300 倍液，防治效果可达 85％以上。草木灰防治效果也很好，具体做法：扒开根部的土壤，彻底清除腐根周围的泥土，刮去发病根皮，晾晒 24 h 后，每株覆盖新鲜草木灰 2.5～5 kg，再覆盖泥土，治愈率可达 90％。生长季发现病树后，立即刨出根系，并在伤口处涂菌毒清 10 倍液。

2. 化学防治

发现落叶严重，即可刨开表土层，挖出根系，稍许晾根，然后用下列药剂灌根：25％络氨铜水剂 500 倍液，50％多菌灵可溶性粉剂 600 倍液＋98％噁霉灵原药对水 3 000～5 000 倍液灌根，混加适量生根剂效果更好。灌根时，一定要注意药液量充足，一般每株 3～5 年生幼树用药液 10～15 kg，每株成龄树用 50～150 kg，灌根透彻。用药液将树盘周围灌透以后，再覆盖新鲜土壤。注意避开雨季灌根。以上药液也可淋施，防治效果达90%。

3. 防治地下害虫

及时防治地下害虫和根结线虫。可采用地面喷雾和根部灌药等方法。地面可喷施90%晶体敌百虫1 000倍液、20%氰戊·马拉松乳油3 000倍液或2.5%溴氰菊酯乳油3 000倍液等进行防治。也可用90%晶体敌百虫800～1 000倍液或50%辛硫磷500～800倍液或48%毒死蜱1 000～2 000倍液灌根。防治线虫可用1.8%阿维菌素乳油5 000～6 000倍液。

4. 果园除草尽量少用或者不用除草剂，以减少对山楂根系的伤害。

第二节　山楂立枯病

一、症状

山楂立枯病有猝倒型和立枯型之分。幼苗刚出土，组织幼嫩时感病，在根茎处发生水渍状病斑，幼苗倒伏，为猝倒型。在幼苗组织已木质化后发病，根部腐烂，茎叶枯黄，但不倒伏，为立枯型。

二、病原

山楂立枯病病原为立枯丝核菌。

三、发病规律

病菌以菌丝体或菌核在土壤中或病残体上越冬，随流水、肥料等传播。低温潮湿、土壤板结容易加重病情；塑料大棚育苗以及幼苗过密时发病较重，用锯末育苗发病则轻。

四、防治方法

1. 选地育苗

选择壤土或沙壤土质、富含有机质的园地育苗，避免和瓜类、豆类及山楂苗重茬。

2. 化学防治

（1）拌种或浸种。用50%福美双600倍液、25%多菌灵500倍液或40%多福·可湿性粉剂400倍液等拌种；或用0.5%黑矾水浸种5 min。

（2）在幼苗出土20 d后，严格控制灌水。

（3）幼苗期喷药防治。在幼苗二至三叶和四至五叶期，分别灌施1%硫酸亚铁溶液。发病初期，用50%多·硫悬浮剂1 000倍液、70%甲·福可湿性粉剂800倍液或70%代森锰锌1 200倍液等喷雾防治。

第三节 山楂白绢病

一、症状

该病菌寄生于山楂树体的根颈部分，受害部分产生褐色斑点并逐渐扩大，其上着生一层白色菌丝，很快缠绕根颈及以上20 cm左右，皮层腐烂，木质部变褐色；初期表现为叶片卷缩，全株逐渐褪绿发黄，当皮层环周腐烂后，整株树萎蔫枯死（图23-3）。

图23-3 山楂白绢病

二、病原

该病的病原为齐整小核菌。

三、发病规律

病菌以菌丝体或菌核在病株上、杂草上或土壤中存活。菌丝体很容易形成菌核。菌核具有很长的休眠期，对不良环境条件的抵抗力强，能在土壤中存活5～6年，通常病菌借苗木、土壤及水流传播，以菌丝体在土壤中蔓延，侵入苗木根部及根茎部。病菌生长的适温为20～30℃，病害在高温、高湿环境下发病严重。

一般6～9月为发病期，7～8月是发病盛期。温度是影响白绢病发生和扩展的主要因素，持续高温有利于病菌生长和菌核积累。在偏酸性（pH 6.0～6.5）的土壤中发病重，偏碱性土壤中发病轻。

四、防治方法

1. 加强肥水管理

施用充分腐熟的有机肥，增强树势。

2. 清园

铲除果盘杂草，并将杂草覆盖在距树蔸20 cm的果盘上；保持行间通风透光，不能积水。

3. 发病初期防治

用硅唑·多菌灵粉剂800倍液或15%三唑酮可湿性粉剂500倍液，加叶面肥进行全园整树喷洒，每隔7～10 d喷1次，连喷2次。初发病的单株，及时将腐烂的皮层刮除，用硅唑·多菌灵粉剂200倍液涂抹，灭菌消毒保护伤口；再用硅唑·多菌灵粉剂800倍液10 kg灌根一次。

4. 发病后期防治

对发病严重的单株，如根颈环周皮层腐烂的病株应及时挖除，集中烧毁，留下的坑土撒生石灰粉灭菌。

5. 冬季整园

冬季全园撒一次生石灰粉，用量为每 667 m^2 均匀撒 50～75 kg；同时对树干涂白，涂白剂配方为生石灰 10 份，硫黄粉 1 份，食盐 0.3 份，水 30～40 份。

第四节　山楂根朽病

一、症状

山楂苗木、大树的根部均可被侵染。地上部分表现为叶部发育受阻，叶形变小，枝叶稀疏，或叶片变黄，早落，结实少而小，味差，有时枝梢枯死，严重时整株死亡。在病根皮层内、根表及附近土壤中可见深褐色至黑色的根状菌索。病根的边材、心材腐朽（图 23－4）。

图 23－4　山楂根朽病

二、病原

山楂根朽病病原为茶藨子叶状层菌（*Phylloporia ribis*），

为一种担子菌。该菌的主要特征是在受害树的干基形成黄褐色的大型子实体，造成根基白色腐朽。

三、发病规律

病菌的菌丝体、菌索在病根部或残留在土壤中越冬，寄生性弱。菌索在土壤中靠病健根接触蔓延，菌索产生小分枝直接侵入，或自伤口侵入，或担孢子随气流传播，遇适宜条件，自树干伤口侵入，蔓延至根部发病。管理差、树势弱、果园阴湿积水、肥水条件差的，发病重。

四、防治方法

1. 病树处理

大树染病，从基部清除整条病根，细心将整个根系拣出，再用70%五氯硝基苯粉剂与新土按1∶150的比例混合均匀配成药土，撒于根部。用药量以药土能将露出的健根和挖出的土壤剖面覆盖为宜，亦可用1%～2%硫酸铜溶液消毒。

2. 化学预防

在早春、夏末、秋季及树体休眠期，在树干基部挖3～5条放射状沟，浇灌50%甲基硫菌灵可湿性粉剂800倍液、50%苯菌灵可湿性粉剂1 500倍液或20%甲基立枯磷乳油1 000倍液。

3. 加强管理

地下水位高的果园，要开沟排水；雨后及时排除积水；增施有机肥，增强土壤透气性。

第五节　山楂白纹羽病

一、症状

染病后叶形变小、叶缘焦枯，小枝、大枝或全部枯死。根部缠绕白色至灰白色丝网状物，即病菌的根状菌索，地面根茎处产生灰白色薄绒状物，即菌膜。此病是引起老弱树死亡的主要原因（图 23－5、图 23－6）。

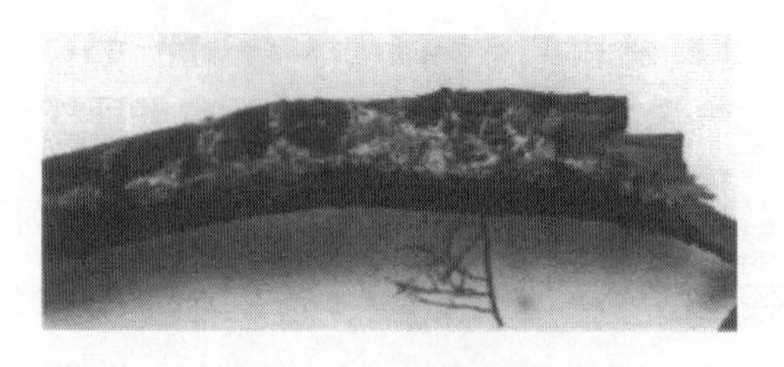

图 23－5　山楂白纹羽病根

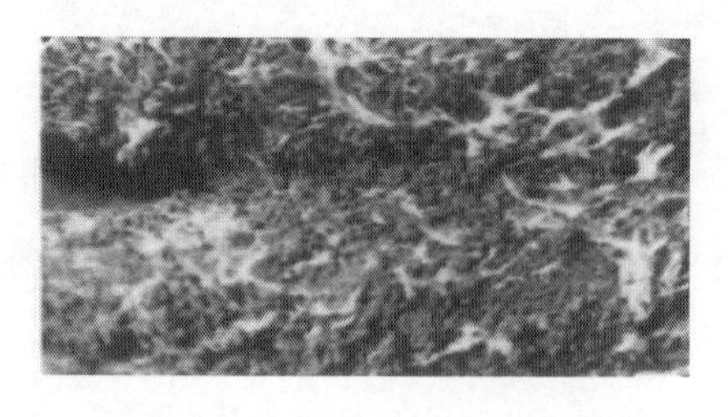

图 23－6　山楂白纹羽病白色菌膜

二、病原

山楂白纹羽病的病原有性态为子囊菌门褐座坚壳菌，无性态为半知菌亚门白纹羽束丝菌（*Dematophora necatrix*），为害根系。

三、发病规律

主要以残留在病根上的菌丝、根状菌索或菌核在土壤中越冬。条件适宜时菌核或根状菌索长出营养菌丝，从根部表皮皮孔侵入，病菌先浸染新根，后逐渐蔓延，被害细根霉烂。病菌通过病健部接触传播或通过带病苗木远距离传播。该病多在7～9月盛发。其发生与土壤湿度、酸碱度有关，尤以湿度影响最大。果园或苗圃低洼潮湿、排水不良时发病重；栽植过密、定植太深、培土过厚、耕作时伤根、管理不善等易造成树势衰弱，土壤有机质缺乏，酸性强等可导致该病发生。

四、防治方法

1. 选栽无病苗木

建园时选栽无病苗木，如确定苗木带病，可用10%的硫酸铜溶液或20%的石灰水、70%的甲基硫菌灵可湿性粉剂500倍液浸1 h后再栽植。也可用47 ℃恒温水浸40 min或45 ℃恒温水浸 1 h，以杀死苗木根部的病菌。

2. 挖沟隔离

在病株或病区外挖 1 m 深的沟进行封锁，防止病害向四周蔓延。

3. 加强栽培管理

增强树势，提高树体抗病力。采用配方施肥技术，不偏施氮肥，适当增施磷、钾肥，使氮、磷、钾比例适当。盛果期，低洼潮湿的果园或地块应注意排水。合理修剪，防止大小年现象出现。同时加强其他病虫害的防治。

第二十四章 铁皮石斛土传病害

铁皮石斛（*Dendrobium officinale*），茎直立，圆柱形，长 9～35 cm，粗 2～4 mm，不分枝，具多节。叶二列，纸质，长圆状披针形，边缘和中肋常带淡紫色。总状花序常从落了叶的老茎上部发出，具 2～3 朵花。花苞片干膜质，浅白色，卵形，长 5～7 mm，萼片和花瓣黄绿色，近相似，长圆状披针形，唇瓣白色，基部具 1 个绿色或黄色的胼胝体，卵状披针形，比萼片稍短，中部反折。蕊柱黄绿色，长约 3 mm，先端两侧各具 1 个紫点。药帽白色，长卵状三角形，长约 2.3 mm，顶端近锐尖并且 2 裂（图 24－1）。花期 3～6 月。生于海拔达 1 600 m 的山地半阴湿的岩石上。主要分布于中国安徽、浙江、福建等地。其茎入药，属补益药中的补阴药，益胃生津，滋阴清热。

图 24－1　铁皮石斛

铁皮石斛是一种草本植物，由于其多生于山地比较阴湿的环境，病害多发。常见的病害有根腐病、疫病、白绢病、黑斑病、煤污病、软腐病等。

第一节　铁皮石斛根腐病

一、症状

铁皮石斛根腐病为害根部，发病初期，植株叶片由下而上变黄，根尖变黄。随着病情发展，受害面积扩大，根部自下向上逐步腐烂，呈黑褐色，水渍状，腐烂无臭味。地上部叶片萎蔫，逐渐枯死（图 24 - 2）。

图 24 - 2　铁皮石斛根腐病症状

二、病原

该病病原为多种镰刀菌，主要有接骨木镰刀菌（*Fusarium sambucium*），病菌于 27 ℃暗培养 4 d，菌落直径为 4.10 cm，气生菌丝致密，毡状，白色。产孢梗为瓶状单出小梗。大型分生孢子纺锤形，背腹面明显，具有显著的顶细胞和足基细胞。孢子 3～5 隔，大小（30～55）μm×（4～5）μm。小型分生孢子相对较少。大米培养物为红色(图 24 - 3)。

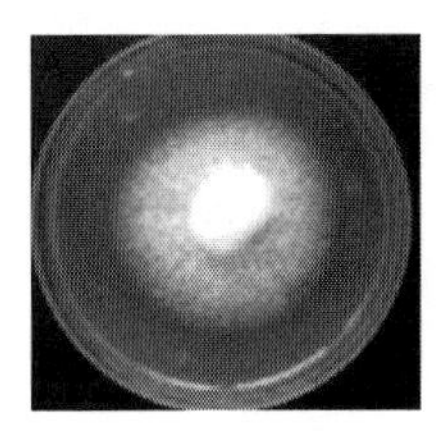
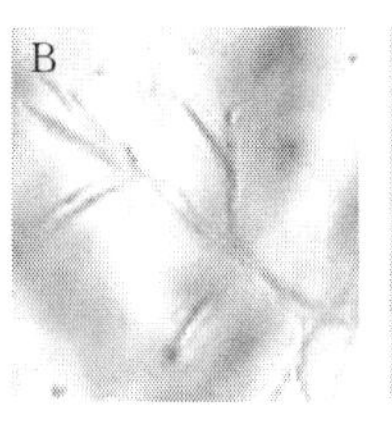

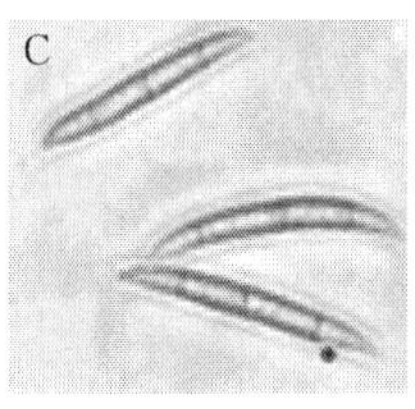

图 24-3 铁皮石斛根腐病病菌

A. 菌落 B. 产孢梗 C. 孢子形态

三、发病规律

病菌在病残组织或是栽培基质中越冬。一般通过带虫土壤、灌溉水和人为操作接触传染，早春从植株移植时造成的伤口侵入为害。高温、高湿时发病较严重，植株基质积水或者植株带水过夜发病重，偏施氮肥发病重，地势低洼发病重。

四、防治方法

1. 农业防治

保持田间通风透气，空气流通，光线充足；发病时要严格控水，先除去病叶、病株，同时避免由上而下喷水。

2. 化学防治

发病初期可用50%苯菌灵可湿性粉剂500倍液，或98%噁霉灵1 000倍液灌根。

第二节　铁皮石斛疫病

一、症状

发病时首先在茎基部出现黑褐色病斑，病斑向下扩展，造成根系死亡。阴雨天气病斑沿茎向上迅速扩展至叶片。受侵染的叶部呈黑褐色，随后叶片皱缩、脱落，不久整个植株枯萎死亡（图 24－4）。

图 24－4　铁皮石斛疫病症状

A. 移植苗根腐症状　B. 受害移植苗地上部分的症状　C. 二年生苗上的顶枯症状

二、病原

该病病原为烟草疫霉，分离系在 PDA 培养基上生长较慢，在 25 ℃黑暗条件下，生长速度为 7.6 mm/d，菌落浓密，花瓣状，边缘不整齐。主轴菌丝大小 6.25～11.25 μm（平均 9.67 μm），分枝菌丝大小为 3.75～6.25 μm（平均5.62 μm）。

菌丝块在水中产生大量的游动孢子囊，孢子囊梗不分枝或偶尔分枝，孢子囊不从孢子囊梗上脱落。游动孢子囊光滑，倒梨形、卵形、卵圆形、梨形和近球形，大小为（17～48）μm×（12～33）μm，长、宽比为1.36±0.19，大多数顶生，偶尔侧生，通常具有明显的乳突。厚垣孢子间生或顶生，球形到卵圆形，光滑，大小为（25.95～40.65）μm×（18.75～36.15）μm（图24-5）。

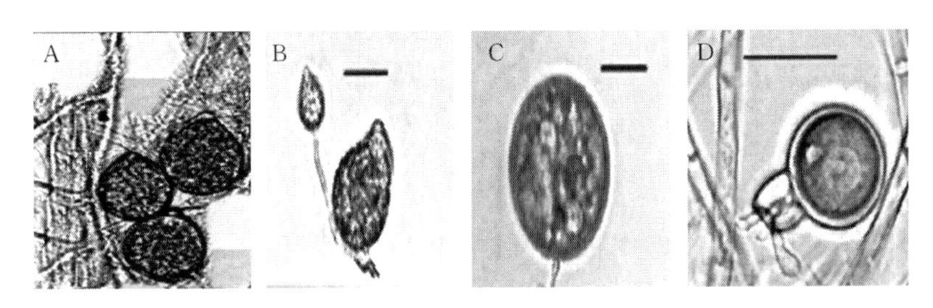

图24-5 疫霉菌形态

A、B. 游动孢子囊 C. 厚垣孢子 D. 卵孢子

三、发病规律

病害一般在7月上旬开始发生，可持续到11月上旬，以菌丝在病残体或以卵孢子在栽培基质中越冬，成为翌年初侵染源。多雨高湿（85%～95%）时易发病且较为严重，气温低于25℃连续阴天或阴雨后晴天易流行该病。此外，大棚栽培温度高，浇水过多，通风不良，叶梢积有大量水分，时间一长，容易引发此病。

四、防治方法

1. 基质消毒

在种植前应对基质进行消毒灭菌，并选择无菌种苗。

2. 田间管理

应加强通风及水分管理，及时清除病残体。

3. 化学防治

化学药剂多菌灵对几种病害均具有一定的防效，疫病还可采用代森锰锌、甲霜灵化学药剂进行防治。发病初期喷药，可用72%霜脲·锰锌可湿性粉剂600倍液，25%甲霜灵可湿性粉剂600倍液喷药防治，也可叶心病部涂药，但不可以滞留药液。

第三节　铁皮石斛白绢病

一、症状

铁皮石斛白绢病为害一年生到多年生的铁皮石斛植株，首先为害叶片、茎秆、茎基部，待地上部死亡后，地下部的根才出现腐烂症状，这是与木本植物白绢病的最大区别。

1. 为害叶片和茎秆

该病菌的菌核存在于栽培基质中，白色的菌丝先在基质内生长，并逐渐蔓延到表面，然后再侵染植株。该病菌可直接为害当年栽培的幼苗，引起叶片枯死、腐烂。成熟植株上的坏死症状从叶柄开始，病斑初期为小的淡褐色病斑，水渍状，随着病斑不断扩大，可使整个叶片腐烂死亡。病斑呈淡褐色，在其表面长出白色绢状菌丝束和菌核（图24-6）。菌核初为白色，渐变为黄色，最终变为褐色。

图24-6 铁皮石斛栽培基质上的罗尔夫小核菌的白色菌丝及菌核

2. 为害茎基部和根部

不论是一年生小苗，还是多年生植株的茎基部和根组织都会被害。先出现水渍状、浅褐色腐烂病斑，组织逐渐腐烂变软，随后长出白色绢状菌丝。在相对湿度在90%以上时，受害部位常覆盖白色菌丝及菌核，当菌核成熟后，白色菌丝消失，仅剩下菌核，这时植株基部和根部已腐烂。

二、病原

铁皮石斛白绢病的病原为翠雀小核菌（*Sclerotium delphinii*）。无性世代在PDA培养基上，菌丝白色棉絮状或绢丝状，有锁状联合（图24-7），放射状生长。初为由白色绢状菌丝体聚集而成的乳白色小球体。菌落5 d渐渐变为米黄色菌

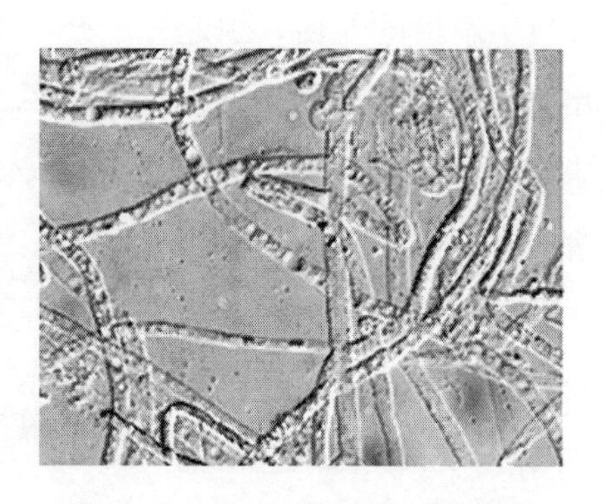

图 24-7　翠雀小核菌的锁状联合

丝球，黄色、黄褐色。2周后菌落变为深褐色，油菜籽大小，球形或近球形，平滑，有光泽。3周以后，在PDA培养基上已经看不到白色菌落形态，只看到直径为1～5 mm的深褐色菌核，圆形至椭圆形，以1～2 mm的菌核为多，3 mm×5 mm的菌核较少。菌核在培养皿内散生，周围的菌核比中间多，有时在中间的接种点处菌核聚生。菌核内部白色，由拟薄壁组织构成，内部细胞大而色浅，软骨质到肉质。表层细胞小而色深。每个菌丝细胞长60～100 μm，菌丝宽3.93～9.46 μm。

三、发病规律

一般情况下，病害发生的时间为5～10月，6～9月为发病高峰期，温度超过35 ℃病害发生减慢。最适生长温度为(25±2)℃，低于8 ℃或高于40 ℃时停止生长，35 ℃生长很弱。该病菌主要以菌丝、菌核在栽培基质或植物的病残组织中越冬。病菌可借水流、土壤、栽培基质或管理人员、农具携带进行远距离传播。病菌有两种来源：一种是本地原来就存在的翠雀小核菌；另一种是外地传入，主要通过铁皮石斛的自然孔口与伤口，或昆虫为害造成的伤口侵入植株。菌核抵抗极端高温、低温天气的能力较强。在自然条件下菌核能存活5～6年。

四、防治方法

1. 农业防治

（1）清除病株。发现病株立即拔除，带出栽培基地深埋或烧掉，并进行病穴消毒，更换病株栽培的基质。

（2）栽培基质处理。栽培管理者应充分利用夏季高温和阳光充足的条件，将栽培基质堆成25～30 cm厚，有条件的基地，可在基质上面喷洒70%工业乙醇（有很好的杀菌作用），上面再覆盖塑料薄膜（四周压紧密封）进行日光杀菌。在35 ℃以上的晴天，7～10 d即可有效杀灭基质内的病菌。当把塑料薄膜再揭开时，乙醇全部挥发，无残留，该方法属于真正的有机栽培基质处理方法。对于腐霉菌、疫霉菌、镰刀菌及白绢菌10 d可杀灭。春季和秋季则可减少基质的堆积高度或延长处理时间。

2. 生物防治

（1）哈茨木霉菌是全世界应用最广泛的一种微生物菌剂，由于其生长速度快，对白绢病病菌具有很强的空间占领（覆盖）能力和拮抗能力。在白绢病发生之前使用效果最佳，发生初期次之。选用哈茨木霉菌T-22株的可湿性粉剂（3×10^8CFU/g）1 000～1 500倍液喷洒植株或灌根。

（2）枯草芽孢杆菌（*Bacillus subtilis*）对白绢病病菌的拮

抗能力很强，使用枯草芽孢杆菌可湿性粉剂 1 500～2 000 倍液喷洒，防效也不错。

3. 化学防治

病害发生初期，使用 80%多菌灵可湿性粉剂 700～800 倍液，20%甲基立枯磷乳油 800 倍液，70%噁霉灵可湿性粉剂 1 000 倍液，68%精甲霜灵・代森锰锌水分散粒剂 1 000 倍液进行防治。

第二十五章 五味子土传病害

五味子分为南五味子、北五味子两种，分别为木兰科植物华中五味子（*Schisandra sphenanthera* ）、五味子（*Schisandra chinensis*）的干燥成熟果实（图 25－1）。秋季果实成熟时采摘，直接晒干或蒸后晒干，除去果梗及杂质。唐代苏敬编撰的《新修本草》载“五味皮肉甘酸，核中辛苦，都有咸味”，故有五味子之名。五味子古医书称其荎藸、玄及、会及，最早列于《神农本草经》上品中药，能滋补强壮，药用价值极高，有强身健体之效，与琼珍灵芝合用治疗失眠。

图 25－1　五味子果实

五味子常见病害有根腐病、茎基腐病、叶枯病、白粉病、黑斑病、立枯病、锈病等。

第一节　五味子根腐病

一、症状

病害初侵染根尖、根毛区或受伤的伤口处，被侵染处出现黑褐色坏死，随侵染时间的延长，病组织向上、向下扩展，导致部分或整段根呈黑褐色坏死，甚至扩展至茎节。开始时叶片萎蔫，根部病斑梭形，然后根部与地面交界处逐渐变黑腐烂，根皮脱落。在湿度大时，表面可出现白色霉层，干后呈白色粉状，几天后病株死亡（图 25－2）。

图 25－2　五味子根腐病症状

二、病原

五味子根腐病病菌属真菌病害，主要是由疫霉菌、腐霉菌、镰刀菌等真菌从根颈处伤口侵入，引起发病，使被害植株根部腐烂，甚至坏死，病株枯死。

三、发病规律

一般 5 月上旬至 8 月上旬发病。病菌在土壤中或病残体中越冬，在土壤中病菌能存活 5～6 年。生产上土壤温度低、土壤湿度过低或过高易发病，土壤瘠薄或肥水不足植株抗病力下降发病重。

四、防治方法

1. 选地

选择在高燥、不低洼积水的地块（壤土或沙壤土均可）建立园地。

2. 田间管理

加强综合管理，多施有机肥，且雨季注意排水。秋季上冻前，在根部培厚 30 cm 左右的土，以防止根颈部位冻伤。田间操作避免伤及根和植株。

3. 化学防治

发病初期，用 50%多菌灵可湿性粉剂 500～1 000 倍液灌根，应连续用药 2 次，间隔时间为 8～10 d。

第二节　五味子茎基腐病

五味子茎基腐病可导致植株茎基部腐烂、根皮脱落，最后整株枯死。随着人工栽培面积的扩大，五味子茎基腐病发生率呈现上升趋势。一般发病率在2%～40%，重者在70%以上，是一种毁灭性的病害。

一、症状

茎基腐病在各年生五味子上均有发生，以1～3年生的严重。五味子茎基腐病多在表土层内茎基部与根茎交界处开始发病。发病初期新萌发幼叶开始萎蔫，茎与根茎交界处皮层从内向外腐烂、变色，外皮变得蓬松，木质部维管束变为褐色，严重时病斑向上、向下扩展，导致地表下根皮腐烂，最后导致地上部全部枯死。湿度大时可在病部见到粉白色霉层，挑取少许在显微镜下观察可发现有大量镰刀菌孢子。五味子茎基腐病的发病率几乎等于死亡率。

二、病原

该病病原为4种镰刀菌属真菌，分别为木贼镰刀菌（*Fusarium equiseti*）、茄病镰刀菌、尖孢镰刀菌和半裸镰刀菌（*F. semitectum*）。尖孢镰刀菌致病力最强，其次为半裸镰刀菌、木贼镰刀菌、茄病镰刀菌。

1. 木贼镰刀菌

该菌在PSA培养基25℃条件下培养4 d菌落直径44 mm。气生菌丝茂盛，羊毛状，初为白色至浅粉色，后期变为浅黄褐色。小型分生孢子未见，大型分生孢子镰刀形，多在上部1/3处明显膨大，有延长的顶细胞和明显的足跟。顶细胞弯曲度大，气生菌丝上产生的孢子1～5隔。孢子大小范围为：1隔(8.8～17.0)μm×(2.2～4.1)μm，2隔（8.4～21.9)μm×(2.7～3.8)μm，3隔（17.5～29.8)μm×(2.8～4.4)μm，4隔(30.0～42.8)μm×(3.2～4.3)μm，5隔（31.0～46.9)μm×(3.0～4.1)μm。分生孢子座上的孢子4～7个分隔，孢子大小范围为：4隔（58.8～69.3)μm×(3.5～4.5)μm，5隔(57.2～74.7)μm×(3.3～4.8)μm，6隔（53.7～79.9)μm×(3.7～5.0)μm，7隔（71.6～73.5)μm×(4.0～4.3)μm。厚垣孢子球形或卵圆形，直径6.4～10.6 μm；产孢细胞单瓶梗，聚生或不规则分枝。在Bilay's培养基上气生菌丝稀疏，白色(图25-3)。

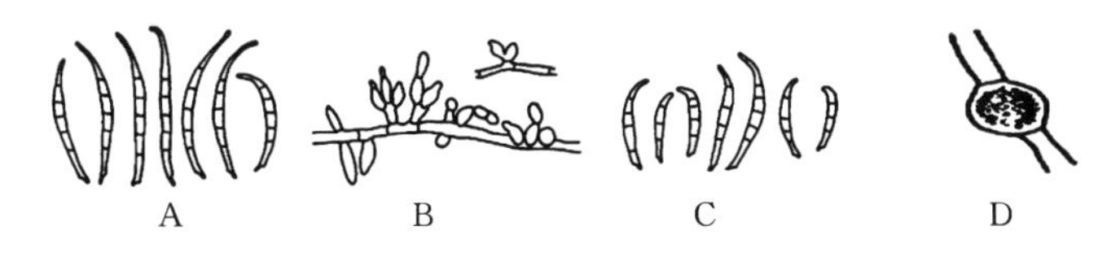

图25-3 木贼镰刀菌

A. 分生孢子座上的大型分生孢子 B. 分生孢子梗

C. 气生菌丝上的大型分生孢子 D. 厚垣孢子

2. 半裸镰刀菌

在PSA培养基上25 ℃条件下培养4 d菌落直径58 mm。气生菌丝棉絮状，初为桃红色，后来变为浅黄褐色。小型分生孢子数量极少，大型分生孢子多纺锤形，直或稍弯曲，分隔清晰，顶细胞与足基细胞为楔形，足基细胞上常有一突起，多数 3～5 隔，以 3 隔最多。孢子大小范围为：3 隔（13.7～26.4）μm×(3.1～4.8)μm，4 隔（24.6～30.9）μm×(3.7～5.0)μm，5 隔(28.4～30.2)μm×(3.7～4.7)μm。厚垣孢子球形，单生、对生或串生，直径 7.5～13.5 μm。产孢细胞单瓶梗或复瓶梗，有的为多芽产孢细胞，有重复分枝。在 Bilay′s 培养基上气生菌丝稀疏，白色（图 25－4）。

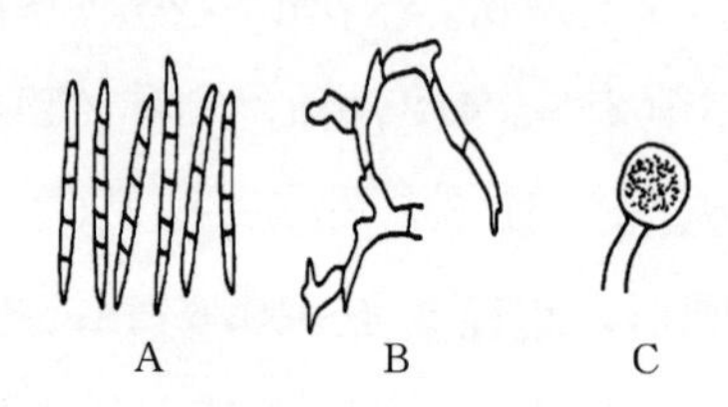

图 25－4　半裸镰刀菌

A. 大型分生孢子　B. 分生孢子梗　C. 厚垣孢子

三、发病规律

病害发生与种子、种苗、土壤、使用肥料的腐熟程度以及前茬作物有关。地下害虫、土壤线虫和栽培管理时造成的伤口、根系发育不良均可导致病害发生，植株因冻害易导致翌春病害严重发生，这些都是间接原因。导致五味子茎基腐病的直接原因是真菌侵染引起的病害，病菌以土壤传播为主，前茬有根腐病发生的地块多易引发。

一般在 5 月初病害始发，6 月初为发病盛期。高温、高湿、多雨的年份发病严重，并且雨后天气转晴时，病情呈上升趋势。同一地块不同年生的五味子中，2 年生植株最容易发病，3 年生次之，4 年生及以上的发病最轻。在移栽当年使用尼龙绳引蔓上架的植株，随着生长年限的延长，植株藤蔓增粗，受绳子的制约生长受阻，树势下降。

四、防治方法

在五味子人工栽培生产中，除发生茎基腐病外，还可能发生多种病害，多为真菌侵染引起的病害，如五味子叶枯病、黑斑病、白粉病等。也有由于生长环境条件的不适应而发生的生理病害，主要有农药为害、日灼伤、霜冻害等。多种真菌性病害发生的时间上有交错，因此不能仅就一种病害进行单独防治，生产管理上采取综合防治措施是十分必要的。

1. 种子种苗消毒

种子层积处理后经筛选在播种前、无病健康种苗在移栽前，用 50%多菌灵或代森锰锌 600 倍液浸泡 4 h。

2. 整形修剪提高树势

使用尼龙绳引蔓上架的地块在定植的翌年就要去除尼龙绳，并用竹竿绑缚固定。树形也在此年份确定，架面 30 cm 以下不留侧蔓，上部每 15～20 cm 留一侧蔓，其间侧蔓全部剪掉。之后通过春、夏、秋三季修剪，改善架面的通风透光条件，提高叶片光合效能。春剪是在枝条萌芽前剪掉过密果枝和枯枝，剪后枝条疏密适度，互不干扰。夏剪是在 5 月上中旬至 8 月上中旬，主要剪掉萌蘖枝、内膛枝、重叠枝、病弱枝，疏剪或短截过密的新梢。秋剪在落叶后进行，主要对结果枝进行回缩。

3. 加强田间肥水管理

多施充分腐熟的有机肥，且肥料要经高温发酵以杀灭虫源，使用时不能将肥盖在植株根部，根系的向肥生长会使根分布变浅，抗寒能力下降。肥料中一旦有害虫存在，咬伤植株茎基部，极易染病。生长季节追肥时适当增加磷、钾肥的比例，以提高植株的抗病力，增强树势。田间除草勿用利刃削割，使用黑色地膜覆盖即能有效防止杂草滋生。雨季注意排水，秋季上冻前根部培土 30 cm 厚，防止根茎部位受冻害。

4. 清除菌源

落叶后或萌芽前彻底清理病枝、病叶，发病初期及时除去中心病株，集中烧毁或深埋，减少病菌的侵染源。

5. 化学防治

在 4 月下旬，交替使用异菌脲 1 500 倍液、代森锰锌 1 200 倍液进行灌根，每周喷 1 次，连喷 2～3 次，也可用波尔多液每天喷 1 次，可有效防治茎基腐病。

6. 病虫兼治

田间卫生状况较差时，常有幼小地下蛆虫咬食五味子茎基皮层组织，该类害虫繁殖率高，成虫迁飞距离短，产卵于五味子茎基土壤中，害虫数量每年倍增，导致五味子茎基腐病一旦发生，全园毁灭。因此，春季灌根施药时加入杀虫剂，实现病虫兼治。

第三节 五味子立枯病

一、症状

五味子立枯病为害北五味子1年生实生苗。发病部位在幼苗的基部，距地表3～5 cm土壤干湿土交界处，病部初显黄褐色小斑点，后扩大呈凹陷长斑，逐渐深入茎内，使感病的病茎缢缩变细软化，造成地上部植株死亡。

二、病原

五味子立枯病病原为立枯丝核菌。

三、发病规律

发病多在5～6月中旬，7月初为发病末期。春季气温低、湿度大、土壤板结或黏重、排水不良的地块易发病。

四、防治方法

1. 选地

育苗地应选地势高、背风向阳、地下水位低、透气性强的地块，早春及时松土，提高地温。

2. 种子处理

用福美·拌种灵药剂按种子重量的0.3%拌种，或用甲基硫菌灵 800 倍液浸种，北五味子苗栽植前用上述药剂浸泡10～30 min。

3. 土壤处理

在播种前或栽苗前用异菌脲 25 g/m^2，或用甲基硫菌灵药剂 25～35 mL/m^2 处理土壤。

4. 化学防治

出苗后发现病株拔除并浇灌药剂，可选用 80%代森锰锌可湿性粉剂 600 倍液、70%丙森锌可湿性粉剂 400～600 倍液，将发病地块封闭浇灌。

第二十六章 细辛土传病害

细辛为马兜铃科多年生草本植物北细辛（*Asarum heterotropoides*）或华细辛（*Asarum sieboldi*）的带根全草。根茎直立或横走，直径 2～3 mm，节间长 1～2 cm，有多条须根。叶通常 2 枚，叶片心形或卵状心形，先端渐尖或急尖，基部深心形，顶端圆形，叶面疏生短毛，脉上较密，叶背仅脉上被毛（图 26－1）。雄蕊着生于子房中部，花丝与花药近等长或稍长，药隔突出，短锥形。子房半下位或几近上位，球状，较短，柱头侧生。果近球状，直径约 1.5 cm，棕黄色。花期 4～5 月。细辛具有祛风、散寒、行水、开窍的功效。并具有治风冷头痛、鼻渊、齿痛、痰饮咳逆、风湿痹痛等作用。

图 26－1　细辛植株

细辛是一种较名贵的药材，随着需求扩大，以及林下经济的发展，其人工栽培迅速发展，种植面积越来越大，是很多农村地区的主要经济产业之一。细辛虽然是药材，但是在种植时还是会受到病害的为害，病害严重时会对其造成毁灭性打击，影响细辛生产发展。细辛常见病害有菌核病、疫病、锈病、立枯病、叶枯病等。

第一节　细辛菌核病

细辛菌核病在细辛苗期及成株期均可发生，早春发病严重，易引起根茎、芽、花腐烂，其致病菌由菌核在病株和土壤中越冬，翌年菌核萌动，靠风雨传播扩大为害，每年 4 月中旬至 5 月中旬是细辛菌核病发生盛期，平均发病率 10%，重者造成绝产绝收。

一、症状

主要为害根部、茎、叶，果次之。初期地上部与健壮植株无异，仅叶片逐渐褪绿变黄，叶上出现圆形、褐色或粉红色病斑，逐渐扩展致使地上部倒伏枯死，后期则出现萎蔫，此时地下根系已溃烂，根内部组织已腐败分解，表皮内外附有大量黑色如鼠粪状的菌核。

二、病原

该病病原为细辛核盘菌（*Sclerotinia asari*），此病菌只能形成黑色菌核，鼠粪状，形状不一、大小各异，其质密实，内部呈白色或稍带红色。

三、发病规律

该病菌的菌丝和菌核在病株残体上和土壤中越冬。细辛早春顶凌出土，当土温在2～4℃时菌核病即开始发生；当土温达到6～8℃时发病较重，超过15℃以上发病减轻或停止蔓延。

在田间生长期间，病害发生首先出现中心病株，其后扩展成中心病点，再从中心病点扩展到周围及其他地段。病菌的近距离传播主要靠耕耘，远距离传播主要靠种子和幼苗的运输。

1. 春季发病期

细辛早春萌芽开始，病害随之发生。3月下旬，地温升到0℃以上，病菌开始活动，菌丝很快使幼芽腐烂死去。4月中旬至5月上旬，地温升到5～14℃，这时期正是发病高峰，5月下旬，平均地温在14～18℃，形成鼠粪状的黑色颗粒状菌核。

2. 初夏扩展期

6月上旬以后，地温升到18～20℃，病害扩散减缓，此时出现的是柄腐、果腐、叶腐。

3. 盛夏终止期

7～8月，地温达到24～25℃时，由于温度较高，病菌停止生长。

4. 秋季发病期

9 月以后，气温下降到 20 ℃以下时，病株上的病菌又恢复活动，从叶柄、果柄到根茎、芽苞及根部全部烂掉。

5. 冬季休眠期

11 月以后，地温下降到 0 ℃以下，病土或病残体上的病菌进入冬眠。

四、防治方法

1. 细辛种苗消毒

（1）产地种子消毒检疫。细辛菌核病发病比较集中，凡是发病地区应经常调查，掌握发病情况，控制种子、种苗外运。如果要用种，最好在种子采收后及幼苗移栽时就地消毒，消毒后方可调运移栽。否则，带幼苗会在贮运中很快引起大量幼苗发病。

（2）病田、无病田的种子及幼苗要单收分别消毒，以减少发病。采收时，凡是带病地段的种子或幼苗应立即消毒处理，不能存放后再消毒。对于从外观看不出来是否患病的幼苗，则可稍缓些时间消毒，但还是以收后马上消毒为好。

（3）消毒药剂可选用下列配方：50%多菌灵 800 倍液＋50%代森胺 1 000 倍液，50%多菌灵 800 倍液，50%腐霉利1 000 倍液。种子或幼苗的消毒时间应在 1 h 以上。浸种或浸苗的时间太短，仍会遭受病菌侵染。消毒后的种子或幼苗不能用水冲洗，因为冲洗会大大降低药效。浸后的种子可直接拌沙播种。

2. 苗床消毒

春季出苗前用1%硫酸铜溶液或120～160倍波尔多液进行床面、床帮消毒。

3. 出苗后处理

细辛出苗后用甲基胂酸铵500倍液或用50%多菌灵1 000倍液每10 d向叶面喷洒一次，喷2～3次。发现病株要及时拔除，并用1%～5%生石灰水浇灌病穴，也可用甲醛50～80倍液，菌核利200～400倍液以及50%多菌灵500倍液进行病区的土壤消毒。新移栽细辛苗可用10%多菌灵200倍液与代森铁800倍液混合浸苗（不浸芽）2～4 h，然后定植。

4. 土壤消毒

细辛播种或移栽前每平方米苗床放入菌核利、百菌清、多菌灵或甲基硫菌灵各2～3 g，均匀拌入土中，具有较好的防治效果。

5. 加强田间管理

勤松土增加土壤透气性，果期以前（小满前）可以增加透光度，既可改善低温、多湿的不良生长条件，又可促进植株的生长发育，并可以减轻菌核病的发生和蔓延。

第二节 细辛立枯病

一、症状

细辛立枯病主要为害茎基部，病菌侵入幼茎，随着茎干不断扩展。茎基部染病后出现黄褐色的病斑，最后导致茎基部腐烂，植株因为运输组织隔断，逐渐萎蔫枯死。

二、病原

该病病原为丝核菌属立枯丝核菌。可为害 160 多种植物。细菌也可以侵入引起植株立枯。

三、发病规律

病菌以菌丝和菌核在土壤或寄主病残体上越冬，腐生性较强，可在土壤中存活 2～3 年。越冬的菌丝体和菌核，均可成为病菌的初侵染源。病菌通过雨水、流水、沾有带菌土壤的农具以及带菌的堆肥传播，从幼苗茎基部或根部伤口侵入，也可穿透寄主表皮直接侵入。

病菌生长适温为 17～28 ℃，12 ℃以下或 30 ℃以上病菌生长受到抑制，故苗期温度较高，幼苗徒长时发病重。土壤湿度偏高，土质黏重以及排水不良的低洼地发病重。光照不足，光合作用差，植株抗病能力弱，也易发病。病菌发育适温 20～24 ℃。刚出土的幼苗及大苗均能受害，一般多在育苗中后期发生。多在苗期温度较高时或育苗后期发生，阴雨多湿、土壤过黏、重茬地发病重。播种过密、间苗不及时、温度过高易诱发病害。

四、防治方法

1. 合理轮作

与禾本科作物轮作 3 年以上。

2. 深翻土壤

在秋天收获后，将病残株深翻入土壤中。不使用带病菌的肥料。

3. 降低湿度

在下雨季节及时开沟排水，降低田间湿度；及时上网遮阳，以防土温过高，光照过强，灼伤苗子，造成伤口，导致病菌有可乘之机。适时播种，缩短易感病期。

4. 化学防治

播种或移栽前，每平方米用 50%多菌灵可湿性粉剂 20 g 和木霉菌 20 g 与细土 15 kg 拌匀，播种或移栽时作 1 m^2 的垫土和盖土。出苗后可选用 65%代森锰锌或 50%甲基硫菌灵 600～800 倍液交替喷雾 1～2 次。幼苗发病初期，用 15%噁霉灵乳剂 500～1 000 倍液浇灌土壤处理。

第二十七章 银杏土传病害

银杏（*Ginkgo biloba* ）树姿雄伟壮丽、叶形优美似扇，无论是作为庭荫树还是行道树，都具有很高的观赏价值；其次，银杏属于彩色叶树种，在色彩上丰富多彩，早春浅绿、夏季碧绿、秋叶金黄，季相景观丰富，满足造园时对植物色彩的需求。银杏的风韵美则体现在人们赋予它的精神内涵上（图 27－1）。银杏为冰川时期的孑遗树种，有着悠久的历史文化，其寿命长，象征着健康长寿、睿智和健硕，千年银杏是我国的国宝。

图 27－1 银 杏

银杏因其材质坚硬、富有弹性、易加工等特点，被广泛应用于家具制作、建筑、室内装修等方面；另外，银杏的种子含有丰富的营养，可食用。银杏种仁可入药，有止咳化痰、通经、利尿的作用；将银杏种仁捣烂之后涂于手上有治疗皮肤皲裂的功效。此外，银杏的种皮及叶片有毒，有杀虫的作用，因此种植银杏会产生一定的经济效益，同时能够保护环境。

银杏常见病害有根腐病、疫病、干枯病、早期黄化病、叶枯病、茎腐病等。

第一节 银杏根腐病

一、症状

在染病初期，首先感染根腐病的为根部少量支根或根尾部须根。随着病害的加重，主根逐渐感病，表现为其表皮出现黑斑，呈现向周围扩展的趋势，此时植物的外表显示健康。持续被病害感染一段时间后，病害蔓延至肉质茎秆致使其表面变黑，部分根系发生腐烂现象，难以吸收水分和养分，使得植物新生叶片发黄，甚至在中午叶片大量蒸发出水分的时候，叶片萎蔫。随着病害加重，木质部完全感病，根皮与髓部褐变分离，整个根系腐烂，表现为叶片持续萎蔫，逐渐枯萎，最终导致植物死亡。

二、病原

该病病原有立枯丝核菌和尖孢镰刀菌。

三、发病规律

春夏交替时是植物根腐病的高发时期。植物根系受到损伤，地上部分通常会表现为：叶片色泽不正常，色淡而放叶延迟，叶型变小，植株矮化，容易发生枯萎现象，最后全株枯死。研究发现，根腐病即植物根部发生褐变腐烂，不能正常吸收土壤中的养分和水分，而造成植物缺水枯萎现象，严重时则植物死亡。导致根腐病的因素为致病真菌，该类真菌常附于病残体或土壤中。每年春季（3 月下旬）开始呈现出活性，特别是在光照不足或土壤湿度高、温度低的情况下，致病菌活性高，极易感染植物苗木。

四、防治方法

1. 农业防治

农业防治主要是通过对植物本身和土壤进行处理的方法来达到防治根腐病的目的。

（1）通过选择育种、杂交育种、转基因技术等方式培育一些抗性品种。

（2）种植植物时把好质量关，选择长势强、病虫害少的植株。

（3）采用火烧、蒸汽处理等方法及时杀灭土壤中的病菌。

（4）合理轮作，加强田园的管理。

（5）经常深翻土壤，改良土壤的结构，增加土壤的透气性。

（6）合理灌溉和及时排涝。

（7）合理施用无机肥，使用的有机肥要充分腐熟。

2. 生物防治

生物防治是一种理想的防治方法，具有污染少、持久性强等特点。生物防治的种类主要包括真菌、细菌、放线菌、真菌与细菌的混合等种类。

（1）真菌。真菌中对木霉菌和丛枝菌根真菌（AM）及非致病尖孢镰刀菌研究与应用比较多。木霉菌广泛地分布在土壤、空气中，具有易分离、易培养等优点，能对植物病菌产生拮抗作用并具有强烈分解纤维素的能力。

丛枝菌根真菌在自然界中与植物根系具有互惠互利的作用，它具有促进植物的生长、提高植物产量、改善植物品质，增强植物的抗逆性等特点。丛枝菌根真菌能够改善作物的营养状况，还能选择性地抑制根围的部分病原物，从而减少尖孢镰刀菌引起的植物枯萎病的发病率及发病指数。非致病尖孢镰刀菌是土壤中天然的防护屏障，能够减少植物发生镰刀菌性病害。

（2）细菌。细菌抑制本质是通过产生一些抗生素和营养竞争等来达到抑制其他病菌的目的。

（3）放线菌。放线菌广泛存在于土壤之中，目前在生物防治中具有广阔的应用前景。但由于条件限制，多数放线菌未被分离出来，分离出来的放线菌只占放线菌资源的10%～20%，因此对未被分离的放线菌的研究开发是目前的主要任务之一。放线菌对尖孢镰刀菌的菌丝生长有抑制作用，拮抗距离达到25.70 mm，菌丝生长抑制率为75.97%，孢子萌发抑制率为58.23%。而且放线菌株与尖孢镰刀菌的交界处没有发现明显的重寄生现象。

(4) 真菌与细菌混合。荧光假单胞菌与非致病镰刀菌共同施用，联合抑制致病性镰刀菌，共同作用的抑制效果优于单独菌类的效果。可以有效地防治尖孢镰刀菌病害。

3. 化学防治

甲霜·噁霉灵、百菌清、氰霜唑、腐霉利均对镰刀菌菌丝有一定的抑制作用，其中氰霜唑悬浮剂500倍液对镰刀菌的抑制作用最强。

第二节 银杏疫病

银杏疫病严重为害银杏幼苗，特别是嫁接苗，不仅使叶片萎蔫，基干发病时，还可以导致病斑以上的茎叶青枯，死苗率达20%～30%，对银杏的良种繁育乃至早实丰产技术的顺利推广造成了极大的障碍。

一、症状

银杏疫病主要为害苗圃中的幼嫩苗木，尤其是当年生嫁接苗，一般不为害多年生成树。病害可在幼嫩苗木的任何部位发生，但以嫁接苗的嫁接口发病率最高。茎干及嫁接口受害，首先产生水渍状灰黑色病斑，病斑环绕茎干扩展1周后，病斑以上叶片青枯萎垂，最后叶片发黄，茎干变黑干腐。叶柄发病也变成灰黑色，叶柄所在叶片青枯萎垂。叶片发病，病斑自叶缘向叶内扩展，发病叶片开水烫伤状，病斑扩展至全叶，叶片萎垂，最后叶片变黄。病菌侵染顶芽，整个顶芽变黑枯死。自然条件下，发病部位难以见到病征。

二、病原

该病病原为烟草疫霉（图27－2）。

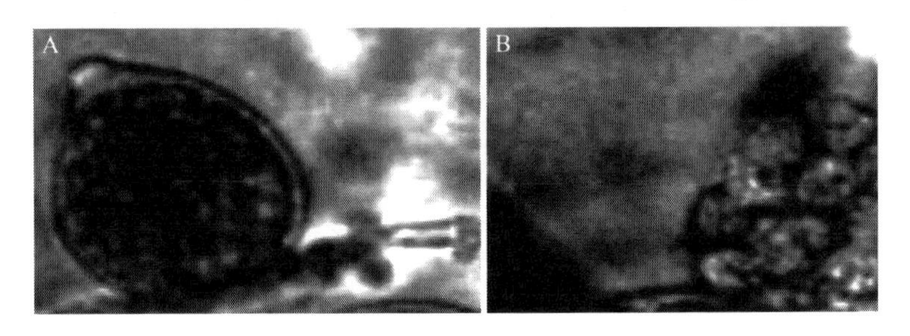

图27－2 病菌形态

A. 成熟孢子囊的半球形乳突 B. 孢子囊萌发产生游动孢子

三、发病规律

该病一般在育苗3年以上的苗圃中出现，在新建立的苗圃一般少见。5月初开始发病，有明显的发病中心，始病后5～

10 d 病情迅速发展，5 月下旬病情稳定，田间发病率为 10%～20%，6 月以后病情不再发展。

1. 病菌对叶片的侵染

接种于叶片伤口，无论在 24 ℃或 28 ℃，接种后 1 d 发病率均达 100%，接种后 5 d，病情指数达 100。无伤接种发病率为 33%，接种后 2 d 或 5～6 d 开始发病，一旦发病，5～6 d 内病斑扩展至整片叶，但不发病的叶片保持健康。说明病菌易从叶片的伤口侵入，在无伤条件下接种，发病率较低。自然条件下，刮风下大雨造成幼嫩组织受伤可能是诱发病害的条件。接种发病的叶片，叶面布满菌丝，发病后 7～9 d 即可见叶面产生大量的孢子囊。

如果将距无伤叶片的 2～3 cm 处放一块带培养基的菌丝或病组织，置于培养皿中保湿培养，则病菌能爬上叶片。叶片自叶缘开始发病，后迅速发展，在 5 d 内整片叶发病，这和田间的典型叶片症状一致，其原因可能是叶片的叶缘水孔多，有利于病菌的侵入所致。

2. 病菌对茎干的侵染

病菌只侵染受伤的幼嫩茎干，对于已老化（木质化）的茎干即使受伤也不被侵染，或仅在接种点产生病斑，但病斑不能扩展。病菌接种受伤嫩茎，接种后 3～4 d 表现症状，病斑迅速扩展到附近叶柄，导致叶片萎垂，最后叶片变黄，茎干干枯。

用病菌的悬浮液接种刺伤及无伤根部，均未见发病，说明该菌不侵染根部。

四、防治方法

甲霜灵及甲霜·锰锌对病菌有很强的抑制作用，可作为田间防治试验的首选药剂。

第二十八章 薄荷土传病害

薄荷（*Mentha haplocalyx*），土名叫银丹草，俗名叫香薷草、鱼香草、土薄荷、水薄荷、接骨草、水益母、见肿消、野仁丹草、夜息香、南薄荷、野薄荷，为唇形科植物（图 28－1）。多生于山野湿地河旁，根茎横生地下，多生于 2 100 m 以下海拔高度，但也可在 3 500 m海拔上生长，是一种有特种经济价值的芳香作物。

图 28－1　薄　荷

薄荷是中华常用中药之一。它是辛凉性发汗解热药，治流行性感冒、头疼、目赤、身热、咽喉肿痛、牙床肿痛等症。外用可治神经痛、皮肤瘙痒、皮疹和湿疹等。平常以薄荷代茶，清心明目。

薄荷常见病害有白绢病、黄萎病、锈病、斑枯病等。

第一节 薄荷白绢病

一、症状

发病初期病株地上部叶片变色，茎基及地际处生大量白色菌丝体和棕色油菜籽状小菌核，病情扩展后致植株生长势减弱、凋萎或全株枯死（图 28-2）。

图 28-2 薄荷白绢病症状

二、病原

该病病原为齐整小核菌。

三、发病规律

病菌以菌核或菌索随病残体遗落土中越冬。翌年条件适宜时，菌核或菌索产生菌丝进行初侵染，病株产生的绢丝状菌丝延伸接触邻近植株或菌核借水流传播进行再侵染，使病害传播蔓延。连作或土质黏重及地势低洼或高温、多湿的年份或季节发病重。

四、防治方法

1. 农业防治

重病地避免连作；提倡施用沤制的堆肥或充分腐熟的有机肥。

2. 灌药液、撒毒土

及时检查，发现病株及时拔除、烧毁。病穴及其邻近植株淋灌5%井冈霉素水剂1 000～1 600倍液或50%甲基胂酸铵水剂500～600倍液、20%甲基立枯磷乳油1 000倍液、90%敌磺钠可湿性粉剂500倍液，每株（穴）淋0.4～0.5 L；或用40%拌种灵加细沙配成1∶200倍药土混入病土，每穴施100～150 g，每隔10～15 d施1次。用培养好的哈茨木霉菌0.4～0.45 kg，加50 kg细土，混匀后撒覆在病株基部，能有效地控制该病扩展。采收前5 d停止用药。

第二节　薄荷黄萎病

一、症状

薄荷黄萎病症状首先出现在植株的上部叶片，叶片变黄，扭曲，叶片之间的距离变短，随着病情的进展，下部叶片干枯，最终整个植株发育不良，地上部分逐渐死亡。剖开被感染的茎，维管束组织变为浅棕色到黑色。

二、病原

薄荷黄萎病病原为黑白轮枝菌（*verticillium alboatrum*）。菌落白色，菌丝老化时培养基基质内圈黑色，外围白色。菌丝体无色或淡褐色，分隔规则，膨胀加粗变褐，成为黑色的休眠菌丝，不形成微菌核。分生孢子梗轮枝状，一般有2～4层轮生分枝，偶有7～8层，老熟分生孢子梗基部呈暗色，为其独有特征（人工培养这一特点消失）。分生孢子椭圆形，单胞无色。

三、发病规律

病菌主要以菌丝体和休眠结构随病残体在土壤中越冬，翌年环境适宜时产生菌丝，由幼苗根部侵入寄主，造成系统发病。田间早期病株和死株茎秆上产生的气传分生孢子，可引起当季再侵染。

四、防治方法

1. 加强检疫

严格执行植物检疫措施，防治病害传入无病区。

2. 农业防治

选用无病的种植材料，与非寄主植物轮作，病田休闲，实施田间和农业机具清洁措施等，都可以减轻或推迟薄荷黄萎病的发生。

3. 化学防治

每 667 m^2 用 1%申嗪霉素 500～1 000 倍液，1.2%辛菌胺醋酸盐 200～300 倍液，4%嘧啶核苷类抗生素 400 倍液，56%甲硫·噁霉灵 600～800 倍液，70%噁霉灵 1 400～1 800倍液灌根；每 667 m^2 用 70%或 50%敌磺钠 250～500 g 泼浇或喷雾，药剂可交替使用。

第二十九章 黄连土传病害

黄连（*Coptis chinensis*）别名味连、川连、鸡爪连，属毛茛科黄连属多年生草本植物。根茎黄色，常分枝，密生多数须根。叶有长柄，叶片稍带革质，卵状三角形，3 全裂，中央裂片卵状菱形，羽状深裂，边缘有锐锯齿，侧生裂片不等 2 深裂；叶柄长 5～12 cm（图 29－1）。野生或栽培于海拔1 000～1 900 m 的山谷凉湿荫蔽密林中。其根茎干燥后可入药，有清热燥湿，泻火解毒之功效，还有较广的抗菌作用。黄连主要分布于四川、贵州、湖南、湖北、陕西南部的海拔 500～2 000 m 间的山地林中或山谷阴处。

图 29－1 黄 连

由于野生资源稀少，黄连大多为人工栽培，但在人工种植生产中，病害会给农户带来巨大的经济损失。黄连常见病害有白绢病、根腐病、白粉病、炭疽病等。

第一节　黄连白绢病

一、症状

病菌菌丝先侵染黄连根茎处，使叶片先在叶脉上出现紫褐色，后逐渐扩大到全叶，枯叶上有白色绢丝状菌丝和油菜籽大小的菌核。菌核初为白色，逐渐变为黄褐色。由于根、茎腐烂，输导组织被破坏，植株逐渐枯死（图 29－2）。

图 29－2　黄连白绢病

二、病原

该病病原为齐整小核菌。

三、发病规律

以菌核和菌丝体在土壤和病残体中越冬，病害的初侵染源以带菌的肥料为主，其次为病残体。病菌借菌核传播和菌丝蔓延进行再侵染。4 月下旬始发，6 月上旬至 8 月上旬为发病盛期。高湿、多雨容易发病。菌核无休眠期，对不良环境的抵抗能力较强。

四、防治方法

1. 拔除病株

发现病株立即拔除烧毁，并用石灰粉处理病穴，或用50%多菌灵可湿性粉剂800倍液浇灌。

2. 化学防治

发病时用对应药剂喷施，每7 d喷1次，连续喷2～3次。

3. 轮作

与玉米实行5年以上的轮作。

第二节 黄连根腐病

根腐病是黄连的主要病害之一。近年来，黄连的长期复耕、复种导致黄连根腐病发生逐年加重，平均发病率达40%，严重地块达80%～90%，平均产量由2 250 kg/hm^{2}降到750 kg/hm^2。

一、症状

黄连根腐病一般在新垦园种植黄连后2～3年发病，第三年下半年开始出现零星枯萎变黄现象，随后枯死黄连数量逐渐增加，至第四年严重恶化。一般在4～5月开始发病，7～8月是发病盛期，9月后逐渐减少。部分严重田块黄连大面积枯死，发病黄连表现为地上部叶片黄化，生长势弱，容易感染叶部病害，尤其是叶斑病。初期叶片出现零星病斑，后期逐渐扩大连片，整个叶片发黑枯死，逐渐蔓延至叶柄及根部；地下部分须根发黑、枯死，主根逐渐发黑坏死，只有茎基部会长出新须根，随着时间推移逐渐整株枯死（图 29 - 3）。

图 29 - 3　黄连根腐病症状

二、病原

该病病原为茄病镰刀菌。

三、发病规律

黄连根腐病在土壤过湿涝渍时发生较重。发生的主要原因有以下几个方面：

1. 引种带来病菌

目前已经明确黄连根腐病的致病菌是镰刀菌，通常镰刀菌在土壤中一直存在，在合适的发病因素诱导下才严重发生，但多数地区黄连根腐病病原都是引种带来的。

2. 连作障碍

可用新垦地块减少，黄连不得不进行多年连作，且当前种植过程中，采收后的黄连根系留在土壤中，导致了土壤中的菌量不断积累。

3. 化肥滥用

由于农村农家肥回收沤制越来越少，目前黄连种植更加依赖化肥，然而化肥过度使用导致土壤结构、生态环境恶化。黄连种植周期为5年，连续多年种植会导致土壤中的黄连必需微量元素减少，导致土壤营养不均衡，黄连自身生长不良、长势衰弱、抗病能力降低，有利于病害发生。

四、防治方法

1. 深沟高垄，排水排渍

在种植时要注意地下害虫，减少发病率，发病时及时拔除病株。

2. 土壤消毒

黄连种植前，可用99%噁霉灵粉剂800倍液对黄连地土壤进行消毒。

3. 种植后消毒

黄连种植后，通过施用30%噁霉灵300倍液对黄连根腐病进行预防。发病后可在病穴内撒施石灰粉消毒或50%退菌特 600 倍液灌根，以免病害蔓延。

4. 化学防治

在发病初期可用 50%退菌特 1 000 倍液或 25% 丙环唑 1 000倍液进行防治，每隔 15 d 1 次，连续防治 3～4 次。

第三十章 桑土传病害

桑（*Morus alba*）属桑科多年生落叶灌木或小乔木（图 30-1）。桑根皮、桑椹、桑叶均可入药。桑白皮具泻肺平喘，利水消肿之功效。桑葚可养血祛风。桑既是药用植物，也是养蚕业的食料，是重要的经济作物。

图 30-1　桑

第一节　桑细菌性青枯病

一、症状

桑细菌性青枯病，别名枯萎病、细菌枯萎病、瘟桑。桑细菌性青枯病是细菌性维管束病害，系国内检疫对象。病株表现为青枯。有些桑株全株叶片尚保持青绿色就失水凋萎；有的从桑株上部或中部叶片的叶尖、叶缘处先失水，后变褐干枯或扩展至全叶。剖开根茎部皮层时，可见木质部具褐色条纹，严重时扩展到茎枝或根的木质部，木质部褐变或变黑，横剖病枝或病根，切口处可溢出白色菌脓。发病时间长的根部皮层呈湿腐状脱落，木质部变黑腐朽（图 30－2）。

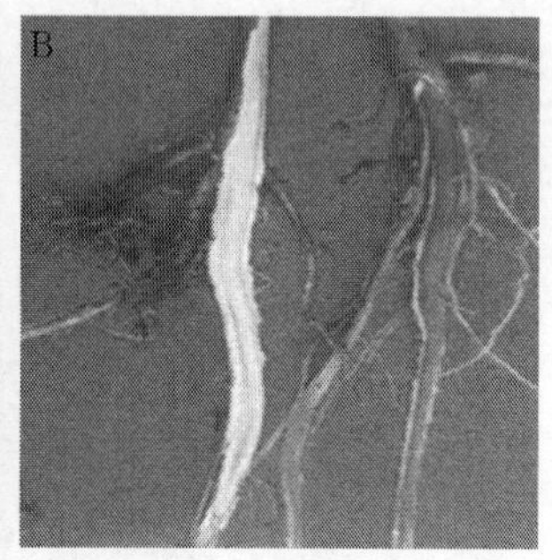

图 30－2　桑苗青枯病株及根部剖面

A. 地上部症状　B. 根部症状

二、病原

该病病原为青枯假单胞杆菌（*Pseudomonas solanacearum*）。菌体短杆状，单细胞，两端圆，单生或双生，大小（0.9～2.0）μm×（0.5～0.8）μm，极生鞭毛 1～3 根；在琼脂培养基上菌落圆形或不规则形，稍隆起，污白色或暗色至黑褐色，平滑具亮光。革兰氏染色阴性。

三、发病规律

病菌在病残体及混有病残体的肥料里越冬。翌年春天开始侵染桑。主要靠带病苗木的嫁接和栽植传播，此外土壤、流水、采桑工具也可传播。该病发生在4～11月，7～9月为害重。幼桑较老桑受害重；地势低洼、排水不良的桑园发病重。

四、防治方法

1. 源头防控

严禁从病区引进桑苗。选用抗毒4号、抗毒10号、湛26号、望月、越1、巡7、罗冲11等抗病品种。

2. 加强田间管理，培育无病种苗

及时挖除病株，集中烧毁，病穴用生石灰进行土壤消毒。带菌土壤是青枯病的初侵染源，如果能消除或减少土壤中的菌源，则能减少或避免青枯病的发生。使用有机与无机添加剂可降低病菌的浓度，改变土壤微生物区系，促进拮抗性有益微生物的大量繁殖，抑制有害病菌的生长，从而达到控制病害的目的。如用甘蔗渣、谷壳、尿素、矿灰等有机无机化合物为原料配制的土壤添加剂（称SH混合物），于播种前1周施于穴内，可以大大降低青枯病的发病率。

3. 化学防治

定植时用青枯病拮抗菌 MA－7、NOE－104 浸根，还可在发病初期喷洒或灌 72%农用硫酸链霉素可溶性粉剂 4 000 倍液或 14%络氨铜水剂 350 倍液、50%琥胶肥酸铜可湿性粉剂 500 倍液、30%碱式硫酸铜悬浮剂 400 倍液、77%氢氧化铜可湿性微粒粉剂 500 倍液，每隔 7～10 d 用 1 次，连续防治 2～3 次。

第二节　桑紫纹羽病

一、症状

桑紫纹羽病又称霉根、泥龙、烂蒲头等。病菌从幼嫩根系侵入，后扩展到较粗的支根及主根上。病根初为黄褐色，后变黑褐色，严重时皮层腐烂变黑，在被害根表面可见紫褐色丝缕状菌丝，菌丝纠结成根状菌索，菌索纵横交错呈网状，菌索内菌丝呈 H 状联结，根部布满菌素，后期树干基部及附近地面形成一层紫红色绒状菌膜。桑根染病，枝叶生长缓慢，细小，叶色发黄，下部叶提早脱落，枝梢先端或细小枝枯死，最后整株死亡。

二、病原

该病病原为桑卷担菌。

三、发病规律

病菌以菌索和菌核在病根和土壤中越冬或越夏。主要借病根接触水流、农具传播，很少由担孢子飞散传播。带病桑苗是远距离传播的主要途径。病菌大多分布在土壤 5～25 cm 范围内，属好气菌。生育温限 8～35 ℃，适温 27 ℃。桑园发病时，先出现中心病株，后向四周扩散。如水源遭受病菌污染，则可致全园发病。土壤积水或酸性、砂砾土质的桑园易发病。连作地或桑园间作甘薯、马铃薯等易感病作物发病重。该菌可侵染 48 科 113 种植物。

四、防治方法

1. 加强检疫

禁止从病区调运桑苗。栽植时对感病或怀疑带菌的苗木用 45 ℃温水浸泡 20～30 min 或 0.3%漂白粉浸泡 30 min、1%的 96%硫酸铜液浸泡 1 h、25%多菌灵可湿性粉剂 500 倍液浸泡 30 min。

2. 合理轮作

重病田实行与禾本科作物进行 3～5 年轮作。

3. 加强桑园管理

做好改土工作，提倡施用酵素菌沤制的堆肥或腐熟有机肥，酸性较重土壤施用生石灰 100～150 kg。

4. 化学防治

发现病株及时挖除，连同残根一起烧毁。同时要挖一条深1 m宽30 cm的隔离沟，挖出的带菌病土堆在病区，或喷洒2%的43%甲醛溶液，密闭半月后种桑。

5. 土壤处理

土壤用氯化苦熏蒸消毒或氨水灌浇消毒。每667 m^2也可用50%多苗灵可湿性粉剂5 kg拌土撒匀翻入土中。

第三十一章 姜土传病害

姜（*Zingiber officinale*），姜科姜属多年生草本植物。开有黄绿色花，具刺激性香味的根茎。株高 0.5～1 m。根茎肥厚，多分枝，有芳香及辛辣味。叶片披针形或线状披针形，无毛，无柄；叶舌膜质。总花梗长达 25 cm，穗状花序球果状。苞片卵形，淡绿色或边缘淡黄色，顶端有小尖头。花萼管长约 1 cm。花冠黄绿色，裂片披针形。唇瓣中央裂片长圆状倒卵形。在中国中部、东南部至西南部各地广为栽培。亚洲热带地区亦常见栽培。根茎供药用。干姜是鲜姜通过冬季采挖去根须、泥沙后晒干或者低温干燥后的成品，被中医用来入药治病，也被称为白姜、均姜、干生姜（图 31-1）。

图 31-1 干 姜

姜生产中常发生、造成损失较重的病害主要有姜瘟病、腐霉根腐病、叶枯病、斑点病、炭疽病等。

第一节　姜瘟病

一、症状

姜瘟病又称腐烂病或青枯病，主要侵害地下茎及根部。肉质茎初呈水渍状，黄褐色，失去光泽，后内部组织逐渐软化腐烂，仅残留外皮，挤压病部可流出污白色米水状汁液，散发臭味。根被害也呈淡黄褐色，终致全部腐烂。地上茎被害呈暗紫色，内部组织变褐腐烂，残留纤维。叶片被害呈凋萎状，叶色淡黄，边缘卷曲，终致全株下垂枯死（图 31－2）。该病与真菌引起的根腐病症状近似，诊断时可借助切片镜检或用简易玻片法对光观察有无细菌涌出，如见米水状混浊，即可确诊为该病。

图 31－2　姜瘟病

二、病原

该病病原为青枯假单胞杆菌（*Pseudomonas solanacearum*），

属细菌。

三、发病规律

病菌在姜根茎内或土壤中越冬，带菌姜种是主要初侵染源，并可借姜种调运进行远距离传播。种植带菌姜长出的姜苗就会发病，成为田间中心病株，靠灌溉水、地面流水、地下害虫和雨水溅射传播蔓延。病菌由根茎部伤口侵入，从薄壁组织进入维管束即迅速扩展，终致全株枯萎。高温多湿，时晴时雨的天气，特别是土温变化激烈的该病发生流行。此外，降雨迟早和大小对发病也有影响，特别是 6～9 月，每降大雨后 1 周左右，田间即出现一次发病高峰，连作、低洼、土质黏重、无覆盖物、多中耕锄草和偏施氮肥的地块发病重。品种间抗性有差异，广东细肉姜、义乌首姜、临平小型姜、新日小型竹边姜和浙江铁杆青等品种较抗病，大肉姜、金华元康姜、东阳大黄竹边姜等较感病。

四、防治方法

1. 选种及收获

无病地留种或精选健种，单收单藏，贮窖及时消毒。

2. 田间管理

轮作换茬，选地势高燥、排水良好地块，深翻后每 667 m^2 施石灰 100～150 kg，起高垄，增施磷、钾肥或覆盖遮阳。

3. 姜种消毒

用硫酸链霉素、新植霉素或卡那霉素 500 mg/kg 浸种 48 h 或用 40%甲醛 100 倍液浸、闷 6 h，或用 30%氧氯化铜 800 倍液浸 6 h，姜种切口蘸草木灰后下种。因地制宜换种抗病良种。

4. 化学防治

及时铲除病株，并淋洒药剂预防控病，做到齐苗灌穴。始病期拔除病株后及时喷药预防，病穴灌药可用 5%硫酸铜或 5%漂白粉、72%农用硫酸链霉素可溶性粉剂或硫酸链霉素 3 000～4 000 倍液，每穴 0.5～1 L。喷雾防治可用 20%噻枯唑 1 300 倍液或 30%氧氯化铜 800 倍液、1∶1∶100 波尔多液、50%琥胶肥酸铜可湿性粉剂 500 倍液，每 667 m^2 喷淋药液 75～100 L，每隔 10～15 d 喷 1 次，共喷 2～3 次。

第二节　姜腐霉根腐病

姜腐霉根腐病，俗称黄苗子、烂脖子病，一般在 5 月中旬开始发病，到了雨季进入发病高峰。如果遇到雨水较往年偏多，有的地块姜腐霉根腐病已大面积发生。

一、症状

姜腐霉根腐病发病初期可见近地面茎叶处出现黄褐色病斑，后软化腐烂，导致地上部叶片黄化凋萎枯死（图 31-3）。

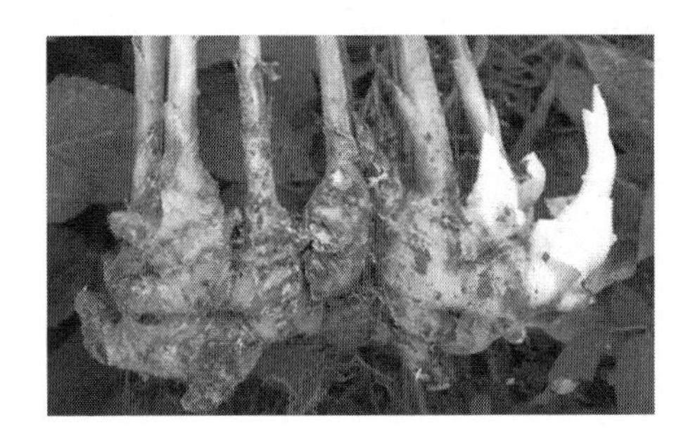

图 31-3　姜腐霉根腐病

二、病原

该病病原为群结腐霉（*Pythium myriotylum*），属鞭毛菌亚门真菌。

三、发病规律

病菌以菌丝体在种姜或在病残体上越冬，病姜种、病残体是此病的初侵染源。条件适宜时产生游动孢子借雨水和灌溉水传播。一般雨水较多，温暖潮湿的季节，发病较重。常年连作地块，土质黏重，种植密度过大，田间通透性差，管理粗放，经常大水漫灌，发病较重。

四、防治方法

1. 合理轮作

与非薯芋类蔬菜轮作 3 年以上。

2. 地块选择

选择地势平坦土质较疏松的壤土地栽培，合理密植，加强肥水管理，及时清除田间病残体。

3. 合理施肥

合理施肥促进植株健壮生长，雨后及时排除田间积水。

4. 化学防治

发病前至发病初期，可采用下列杀菌剂进行防治：84.51%霜霉威盐酸盐可溶性水剂600～1 000倍液，72%丙森·膦酸铝可湿性剂800～1 000倍液，76%霜·代·乙膦铝可湿性粉剂800～1 000倍液，50%氟吗·乙铝可湿性粉剂600～800倍液，80%三乙膦酸铝水分散粒剂800～1 000倍液，20%二氯异氰尿酸钠可溶性粉剂1 000～1 500倍液，灌根，视病情隔5～7 d灌1次。

第三节　姜枯萎病

一、症状

姜枯萎病主要为害地下块茎，导致块茎变褐腐烂，从土中挖出病块茎，其表面常长有菌丝体。地上部叶片常发黄枯萎死亡（图31-4）。

二、病原

该病病原为茄病镰刀菌。

图 31－4　姜枯萎病示地上部叶片枯萎

三、发病规律

病菌以菌丝体和厚垣孢子随病残体在土壤中越冬，翌年条件适宜时产生的分生孢子，借雨水溅射和灌溉水传播。由伤口侵入，进行再侵染。常年连作，地势低洼，排水不良，土质黏重，施用未腐熟的有机肥，雨后易积水地块发病都重。

四、防治方法

1. 合理轮作

与非薯芋类蔬菜轮作 3 年以上。最好水旱轮作，轮作 1 年就可见效。

2. 田间管理

选地势较平坦，排水良好地块种植。施足充分腐熟的有机肥，加强肥水管理，促进植株健壮生长，雨后及时排除田间积水。收获后及时清除田间病残体。

3. 化学防治

发病初期，可采用下列杀菌剂或配方进行防治：5%丙烯酸·噁霉·甲霜水剂800～1 000倍液，80%多·福·福锌可湿性粉剂500～700倍液，3%噁霉·甲霜水剂600～800倍液，5%水杨菌胺可湿性粉剂300～500倍液，70%噁霉灵可湿性粉剂2 000倍液，4%嘧啶核苷类抗生素水剂600～800倍液，对水灌根，每株灌药液200～300 mL，视病情隔7～10 d灌1次。

参考文献

安太和，2006. 桔梗根结线虫病的发生与防治［J］. 农村实用技术（4）：37.

白容霖，刘伟成，刘学敏，2000. 人参根结线虫病病原鉴定［J］. 特产研究（1）：45－46.

蔡道辉，何卫蓉，李泽森，等，2012. 龙山县百合疫病重发原因及综合防治措施［J］. 现代农业科技（13）：139－140.

曹涤环，2015. 中药材罗汉果根结线虫的防治技术［J］. 农药市场信息（1）：67.

曹雪梅，2013. 甘草根腐病病原学研究及室内药剂筛选［D］. 咸阳：西北农林科技大学.

曹雪梅，李生兵，张惠玲，等，2014. 甘草根腐病病原菌鉴定［J］. 植物病理学报，44（2）：213－216.

岑怡红，沙波，张万芹，等，2013. 金银花立枯病的发生特点及防治措施［J］. 北方园艺（8）：135－137.

车喜庆，付俊范，李自博，等，2015. 长白山区人参菌核病发生为害及其病原生物学研究［J］. 中国植保导刊，35（1）：5－9.

陈金堂，朱慧贞，李柏文，1980. 人参根腐病的药剂防治［J］. 中药材科技（1）：28－30.

陈晶，2011. 药用植物地黄主要病害的综合防治［J］. 现代农业（9）：43.

陈伶俐，2015. 柴达木地区枸杞根腐病病原菌生物学特性及药剂防治研究

[D]. 青海大学.

陈书珍，2017. 甘肃省定西党参灰霉病调查及田间药剂防治 [J]. 草原与草坪，37 (2)：94－97.

陈香艳，2018. 沂蒙山区桔梗根腐病的防治与规范化栽培技术 [J]. 农业科技通讯 (9)：291－292，341.

陈招荣，兰谱，于玮玮，等，2014. 天津地区红花病虫害调查研究 [J]. 河南农业科学，43 (3)：102－106.

迟淑香，2013. 宽甸地区北五味子主要病害的发生与防治 [J]. 防护林科技 (3)：98－99.

刁朝蕾，2015. 银杏根腐病病原菌分离及防治药剂筛选 [D]. 保定：河北农业大学.

刁朝蕾，王艳，刘桂林，等，2015. 银杏根腐病病原菌分离及防治药剂筛选 [J]. 林业科技开发，29 (3)：120－123.

丁雅迪，缪福俊，王明月，等，2015. 元江芦荟根腐病病原菌的分离及鉴定 [J]. 南方农业学报，46 (6)：1018－1023.

凡责艳，2016. 三七根腐病原菌拮抗细菌的分离鉴定及生防效应研究 [D]. 昆明：云南师范大学.

范鸿雁，何凡，李向宏，等，2006. 几种杀线剂对番木瓜根结线虫病的防效 [J]. 农药 (9)：641－642.

冯继开，2013. 大果山楂白绢病的防治技术 [J]. 南方园艺，24 (3)：38.

高炜，2018. 人参立枯病的综合防治技术 [J]. 农民致富之友 (19)：29.

耿晖，2016. 黄芪根腐病病原菌的分离鉴定及其拮抗放线菌的筛选 [D]. 兰州：西北师范大学.

勾长龙，王雨琼，孙朋，等，2015. 人参根腐病拮抗菌的筛选、鉴定及其抑菌活性 [J]. 食品科学，36 (19)：143－147.

桂晓天，万跃进，1994. 桔梗根结线虫病及其防治 [J]. 基层中药杂志 (3)：

31－32.

韩坤鹏，刘杨，万鹏，2019. 山东长清栝楼及丹参根结线虫病原虫种类研究［J］. 山东科学，32（3）：23－28，64.

胡玉伟，戢太云，管楚雄，等，2014. 人工种植的铁皮石斛主要有害生物及防治对策［J］. 江苏农业科学，42（4）：98－100.

黄存达，周剑峰，王教利，1997. 菌核净防治人参菌核病试验［J］. 农药（12）：40.

黄亚萍，2011. 当归根腐病病原物研究［D］. 兰州：甘肃农业大学.

贾德胜，张天鹏，贾赛，2013. 白术白绢病的发病原因及防治措施［J］. 现代农村科技（10）：24－25.

姜振侠，张天也，2016. 甘草主要病害识别与防治［J］. 农药市场信息（4）：58.

蒋妮，陈乾平，冯世鑫，等，2017. 广西三七灰霉病流行规律及药剂筛选［J］. 热带作物学报，38（9）：1712－1719.

蒋妮，胡凤云，叶云峰，等，2015. 罗汉果新病害斑枯病病原鉴定及防治药剂室内筛选［J］. 植物保护，41（6）：173－177.

蒋拥东，曾小倩，陈功锡，2012. 吉首市杜仲病虫害调查及防治［J］. 湖南农业科学（11）：82－83，86.

孔凡彬，李飞，2015. 农产品质量安全与市场营销［M］. 北京：中国农业科学技术出版社.

孔凡彬，杨贵军，孙化田，2016. 农产品质量认证与安全生产［M］. 郑州：中原农民出版社.

孔琼，袁盛勇，郭建伟，等，2018. 铁皮石斛根腐病病原菌鉴定及生物学特性研究［J］. 中药材，41（7）：1566－1570.

郎剑锋，石明旺，2018. 枣缩果病生防内生菌研究［M］. 北京：中国农业出版社.

郎蕊芳，2016. 当归根腐病防治探讨 [J]. 农技服务，33 (11)：77 - 78.
李堆淑，2018. 寡糖诱导桔梗抗根腐病的研究 [J]. 江苏农业科学，46 (1)：65 - 68.
李辉，岳洪，2000. 地黄主要病害的综合防治 [J]. 特种经济动植物 (5)：38.
李捷，冯丽丹，王有科，等，2017. 甘肃枸杞镰孢菌根腐病病原鉴定及优势病原菌生物学特性 [J]. 干旱区研究，34 (5)：1093 - 1100.
李静，张敬泽，吴晓鹏，等，2008. 铁皮石斛疫病及其病原菌 [J]. 菌物学报 (2)：171 - 176.
李士焱，玛丽娅，袁海丽，等，2001. 红花锈病和根腐病的防治技术 [J]. 新疆农业科技 (6)：21.
李维林，赵莉，王凤，等，2012. 板蓝根根腐病在田间的发生规律及防治 [J]. 农业科技与信息 (11)：23 - 24.
李小霞，肖仲久，李黛，等，2011. 白术白绢病病原菌的分子鉴定 [J]. 贵州农业科学，39 (12)：126 - 128.
李晓飞，2017. 药用植物丹参主要病害及防治 [J]. 吉林农业 (15)：68.
李晓红，吴连举，1992. 人参疫病的综合防治 [J]. 农业科技通讯 (1)：29.
李泽锋，2009. 五味子常见病害与综合防治 [J]. 农业科技与装备 (6)：85 - 86，89.
梁谊，马云萍，1999. 芦荟主要病害的防治 [J]. 云南农业科技 (6)：28.
梁祖珍，赵兵，邓光宙，等，2008. 罗汉果主要病害的综合防治 [J]. 广西园艺 (1)：25 - 26.
廖咏梅，周志权，王琪，等，1998. 银杏疫病的研究 [J]. 广西科学 (1)：67 - 71.
凌春耀，林伟国，余生，等，2017. 三七侵染性病害防治工作的研究进展 [J]. 绿色科技 (7)：144 - 146，149.

刘凡，2012. 白术根腐病病原鉴定、生物学特性和防治研究［D］. 成都：四川农业大学.

刘建军，2016. 丹参根腐病的发生规律及综合防治技术［J］. 现代农村科技（1）：33.

刘琨，李勇，王蓉，等，2019. 人参灰霉病研究进展［J］. 中国现代中药，21（7）：983－986.

刘敏，刘汉超，姜自安，等，2009. 山楂根腐病的发生与防治［J］. 烟台果树（3）：52－53.

刘敏，周艳芳，赵伟强，等，2013. 赤峰市植物立枯病的发生与防治［J］. 内蒙古农业科技（6）：90－91.

刘鸣韬，孙化田，张定法，2004. 金银花根腐病初步研究［J］. 华北农学报（1）：109－111.

刘先辉，冯海明，洪海林，等，2019. 铁皮石斛主要病害的发生与防治技术［J］. 湖北植保（3）：37－39.

柳惠庆，高克祥，史靖，等，1995. 山楂扦播苗白绢病的研究［J］. 河北林学院学报（1）：54－61.

龙合正，安勇，2018. 浅析威宁县党参根腐病的发生及防治［J］. 山西农经（9）：78.

娄子恒，金慧，潘晓鹏，等，2002. 几种常见人参、西洋参病虫害及其防治［J］. 人参研究（1）：42－44.

鲁绪祥，孙其宝，2009. 宣木瓜灰霉病的发生及防治［J］. 现代农业科技（5）：112.

马琳，银福军，曾纬，2009. 黄连白绢病生物学特性及防治药剂的筛选［J］安徽农业科学，37（34）：16905－16908，16932.

南换杰，秦雪梅，武滨，等，2009. 黄芪根腐病研究概况［J］. 山西中医学院学报，10（1）：67－70.

彭建波，李泽森，2013. 百合主要病害的防治方法 [J]. 农村百事通（19）：44-45.
彭铁楠，祝英，姜一鸣，等，2014. 当归根腐病发病机制及防治措施 [J]. 中国现代中药，16（12）：975-978.
千日善，张卫东，史维东，等，2014. 五味子茎基腐病综合防治技术 [J]. 吉林农业（16）：85，84.
乔新国，2015. 三七根腐病病原真菌的初步研究 [D]. 昆明：云南大学.
沈丽淘，2012. 山药根腐病的病原学及防治药剂筛选研究 [D]. 成都：四川农业大学.
沈丽淘，李平，王学贵，等，2012. 山药根腐病菌（*Fusarium solani*）的生物学特性 [J]. 四川农业大学学报，30（3）：313-318.
石明旺，2017. 无公害菜园农药安全使用指南 [M]. 北京：化学工业出版社.
石明旺，王清连，2008. 现代植物病害防治 [M]. 北京：中国农业出版社.
石明旺，许光日，2017. 农药安全使用百问百答 [M]. 北京：化学工业出版社.
石明旺，杨蕊，2017. 常用农药安全使用速览 [M]. 北京：化学工业出版社.
石仁俊，何金旺，2006. 罗汉果后期病害死株的田间简易诊断与药剂治疗 [J]. 农业新技术（2）：18-19.
宋琳琳，王艳婕，王铭，2017. 新乡金银花根腐病菌的鉴定和系统进化分析 [J]. 河南科技学院学报（自然科学版），45（6）：30-34.
苏翠芬，刘留建，孙静，2014. 白术根腐病的发生与防治 [J]. 河北农业（5）：37-38.
隋静毓，2013. 不同药剂防治辽细辛黑斑病和菌核病药效研究 [J]. 现代农业科技（10）：109-110.
孙超，邢卫华，晋图强，等，2012. 三种山楂树病害的发生及防治 [J]. 现代园艺（19）：71-72.

孙厚俊，梁家荣，张凤海，2010. 山药根结线虫病的发生规律与综合防治技术［J］. 中国园艺文摘，26（2）：152－153.

孙基山，贾立人，张学信，1992. 细辛菌核病的防治［J］. 中国林副特产（1）：31.

孙志刚，2008. 五味子主要病害及防治［J］. 林业勘察设计（3）：89－90.

唐平，付仕祥，杨成钢，等，2018. 当归根结线虫病的发生危害与防控对策［J］. 云南农业科技（1）：37－40.

天天，2015. 三七立枯病及猝倒病防治［J］. 农家之友（12）：57.

田福进，王诗军，王金环，等，2005. 山药根结线虫病的发生与综合防治研究［J］. 中国植保导刊（2）：19－20.

汪静，梁宗锁，康冰，等，2015. 文山三七根腐病病原真菌的鉴定与药剂防治［J］. 西北林学院学报，30（1）：158－163.

汪淑霞，宋振华，王富胜，2016. 当归根腐病防治技术［J］. 甘肃农业科技（10）：87－89.

王昌祥，1965. 番木瓜根腐病［J］. 植物保护（5）：177－178.

王成成，2017. 几种植物黄萎病病原鉴定、致病性分化和棉花不同生育期感病性研究［D］. 石河子：石河子大学.

王崇仁，1989. 种苗消毒防治细辛菌核病［J］. 新农业（7）：14.

王崇仁，陈长法，陈捷，等，1995. 核盘菌属一新种——人参核盘菌［J］. 真菌学报（3）：187－191.

王锋军，2018. 渭源县黄芪根腐病发病特征及防治技术［J］. 农业科技与信息（19）：24－25.

王明道，时延光，郜峰，等，2013. 1 株引起地黄根腐的镰刀菌的鉴定及生物学特性研究［J］. 河南农业大学学报，47（2）：177－181.

王瑞飞，康春晓，许圆圆，等，2017. 怀地黄内生细菌的分离鉴定及抗菌活性［J］. 江苏农业科学，45（13）：82－86.

王树桐，2007. 板蓝根根腐病病原鉴定及拮抗微生物的筛选 [D]. 华南热带农业大学.
王涛，张献强，林纬，等，2008. 罗汉果根腐病的室内药剂防治试验 [J]. 广西植保，21 (4)：1-4.
王曦茁，马建伟，汪来发，等，2013. 安徽省3种中草药植物的根结线虫种类鉴定 [J]. 安徽农业大学学报，40 (5)：758-764.
王艳，陈秀蓉，王引权，等，2011. 甘肃省党参病害种类调查及病原鉴定 [J]. 山西农业科学，39 (8)：866-868，871.
王艳婕，王铭，张朝辉，2017. 新乡金银花根腐病菌的鉴定和系统进化分析 [J]. 河南科技学院学报（自然科学版），45 (6)：30-34.
王燕，王春伟，高洁，等，2014. 不同杀菌剂及其配比对人参菌核病菌的毒力测定 [J]. 北方园艺 (7)：115-119.
王勇，刘云芝，陈昱君，2007. 三七疫霉病发生相关因子调查 [J]. 中药材 (2)：134-136.
王勇，刘云芝，陈昱君，等，2007. 文山三七疫病病原菌的分离与鉴定 [J]. 文山师范高等专科学校学报 (1)：104-107.
王越云，陈文胜，朱远航，2012. 金银花根腐病综合防治技术要点 [J]. 现代园艺 (23)：79.
魏丹丽，2017. 三七根腐病绿色防治技术体系研发 [D]. 昆明：云南农业大学.
温有学，郑兰芳，张淑华，2005. 细辛菌核病的发生与防治 [J]. 吉林农业 (4)：18-19.
文家富，陈光华，王刚云，等，2009. 丹参根部病害发生与综合防治技术 [J]. 中国植保导刊，29 (10)：32-33.
吴良通，林峰，席常辉，等，2018. 杀菌剂多宁防治麻山药根腐病死秧探索性药效试验 [J]. 种子科技，36 (4)：102-103.
吴悦明，孙芙蓉，徐玉芳，等，2008. 桔梗根腐病发生原因及防治措施研究

[J]. 山东农业大学学报（自然科学版）(3)：424－428.
席刚俊，杨鹤同，赵楠，等，2017. 中国铁皮石斛白绢病的研究［J］. 西部林业科学，46（3）：89－95.
谢昀烨，2013. 吉林省主要药用植物丝核菌属真菌病害研究［D］. 长春：吉林农业大学.
邢云章，马凤茹，孟繁莹，等，1983. 人参根腐病病原菌致病力研究［J］. 特产科学实验（3）：1－4，56.
徐晖，林崴，2013. 白术根腐病及铁叶病的发病原理及防治措施［J］. 现代农村科技（24）：31.
薛琴芬，谭礼盘，薛洪雁，2014. 盘县黄芪主要病虫害发生情况及防治措施［J］. 中国农技推广，30（11）：49－50.
杨成前，吴中宝，余中莲，等，2018. 重庆市白术根腐病发生危害及其病原菌生物学特性［J］. 南方农业学报，49（8）：1561－1567.
杨佩文，崔秀明，董丽英，等，2008. 云南三七主产区根结线虫病病原线虫种类鉴定及分布［J］. 云南农业大学学报（4）：479－482.
杨秀梅，瞿素萍，王丽花，等，2011. 百合疫病病原鉴定及其 PCR 检测［J］. 园艺学报，38（6）：1180－1184.
姚洁，2015. 亳州谯城区白芷南方根结线虫发生和防治［D］. 合肥：安徽农业大学.
姚圣梅，冯岩，简翠馨，2003. 薄荷白绢病及灰斑病的防治［J］. 农药市场信息，(19)：33.
殷诗峰，付淑英，2016. 丹参根腐病的发生与防治技术［J］. 农民致富之友（4）：69.
尹庆璋，梁秀荣，游玉明，等，2010. 罗汉果根结线虫病的发生与防治［J］. 广西农学报，25（5）：24－25，36.
余中莲，雷美艳，蒲盛才，等，2015. 重庆党参真菌病害种类调查及病原鉴定［J］. 中药材，38（6）：1119－1122.
袁孟娟，藏香银，韩军，等，2015. 丹参根腐病原菌的分离与鉴定［J］. 仲恺农业工程学院学报，28（2）：62－65.
袁月，2016. 人参灰霉病病原学及其致病机制研究［D］. 沈阳：沈阳农业大学.
曾会才，郑服丛，李锐，等，2000. 芦荟疫病疫霉种的鉴定［J］. 热带作物学报（2）：69－73.
翟亚娟，白庆荣，高洁，等，2013. 红花根腐病病原菌鉴定及药剂敏感性研究［J］. 黑龙江农业科学（8）：59－61.
詹孝慈，2007. 杜仲根腐病的发生与防治［J］. 现代农业科技（19）：101.
张彬，2019. 为害木瓜生长发育的病虫害防治技术［J］. 现代园艺（16）：49－50.
张佳星，2018. 白术、铁皮石斛和杭白菊 6 种病害的病原鉴定与防治初探［D］. 杭州：浙江农林大学.
张佳星，徐颖菲，徐艳芳，等，2017. 白术两种主要土传病害的分离、鉴定及杀菌剂的室内活性筛选［J］. 植物保护，43（6）：177－181，186.
张绍升，1993. 番木瓜和西番莲根结线虫病记述［J］. 亚热带植物通讯（2）：12－16.
张涛，袁文先，张琪，等，2010. 白术常见病害的防治［J］. 种业导刊（8）：35－37.
张雪辉，2010. 白芷根腐病的发生条件与防治措施［J］. 特种经济动植物，13（3）：47.
张艳秋，凤舞剑，张朝伦，2006. 山药根结线虫病及其综合防治技术［J］. 现代化农业（11）：9－11.
张玉方，闫光凡，刘先齐，1998. 白芷根腐病的病程及组织病理学研究［J］. 中国中药杂志（10）：21－22.
张志敏，2007. 芦荟病害及防治措施［J］. 河北农业科技（8）：22.

章华德，2009. 桔梗根结线虫病的发生与综合防治［J］. 农技服务，26（10）：53，87.

赵曰丰，1995. 我国人参疫病的研究进展［J］. 植物保护（4）：33－35.

赵曰丰，杨依军，吴连举，等，1994. 人参疫病发生规律的研究［J］. 特产研究（3）：1－5.

仲阳，2015. 杜仲立枯病的防治方法［J］. 林业与生态（3）：35.

周祥焕，1981. 药剂防治红花根腐病初报［J］. 中药材科技（3）：16.

周绪朋，康书平，2009. 丹参根结线虫病的发生与防治［J］. 农技服务，26（11）：53.

周志权，廖咏梅，林敏敏，2003. 银杏疫病病原种的鉴定［J］. 植物病理学报（1）：30－34.

朱会文，2018. 甘肃省景电灌区枸杞根腐病的发生与防治［J］. 现代农业科技（5）：121，125.

朱小强，朱志初，朱广启，等，2006. 桔梗根结线虫病发生条件及综合防治技术研究［J］. 中国植保导刊（8）：28－29.

庄文远，吴志珍，曾忠坚，2002. 枇杷根腐病的发生与防治技术［J］. 广西植保（1）：8－9.

图书在版编目（CIP）数据

药用植物土传病害防治技术 / 石明旺，孔凡彬，郎剑锋著．—北京：中国农业出版社，2021．11
（高素质农民培育系列读物）
ISBN 978-7-109-28078-6

Ⅰ．①药…　Ⅱ．①石…　②孔…　③郎…　Ⅲ．①药用植物—病虫害防治　Ⅳ．①S435．67

中国版本图书馆CIP数据核字（2021）第056638号

中国农业出版社出版
地址：北京市朝阳区麦子店街18号楼
邮编：100125
责任编辑：谢志新　郭晨茜
版式设计：王　晨　　责任校对：吴丽婷
印刷：北京印刷一厂
版次：2021年11月第1版
印次：2021年11月北京第1次印刷
发行：新华书店北京发行所
开本：880mm×1230mm　1/32
印张：10
字数：300千字
定价：68．00元
